台灣自然圖鑑 049

驚奇甲蟲

とんでもない甲虫

丸山宗利
Munetoshi Maruyama
福井敬貴
Keiki Fukui

晨星出版

前言

說到甲蟲，總歸一句話，就是形形色色都有。我指的是除了牠們的種類和生態，也包括外形和姿態。因為過於變化多端，看在人類眼中，難免覺得有些甲蟲的模樣過於離譜，實在太不像樣。

這裡所說的「太不像樣」其實是讚美。我用「太不像樣」來形容，包含了「讓人意想不到」的意思，表示甲蟲的世界無奇不有，已經到了超乎人類想像的地步。

另外，聽到甲蟲兩個字，只想得到獨角仙和鍬形蟲就太遜了。真的，甲蟲世界超乎想像的廣大，說到生物多樣性，我想甲蟲堪稱其中的佼佼者。最後，透過本書，您將見識到何謂生物多樣性。

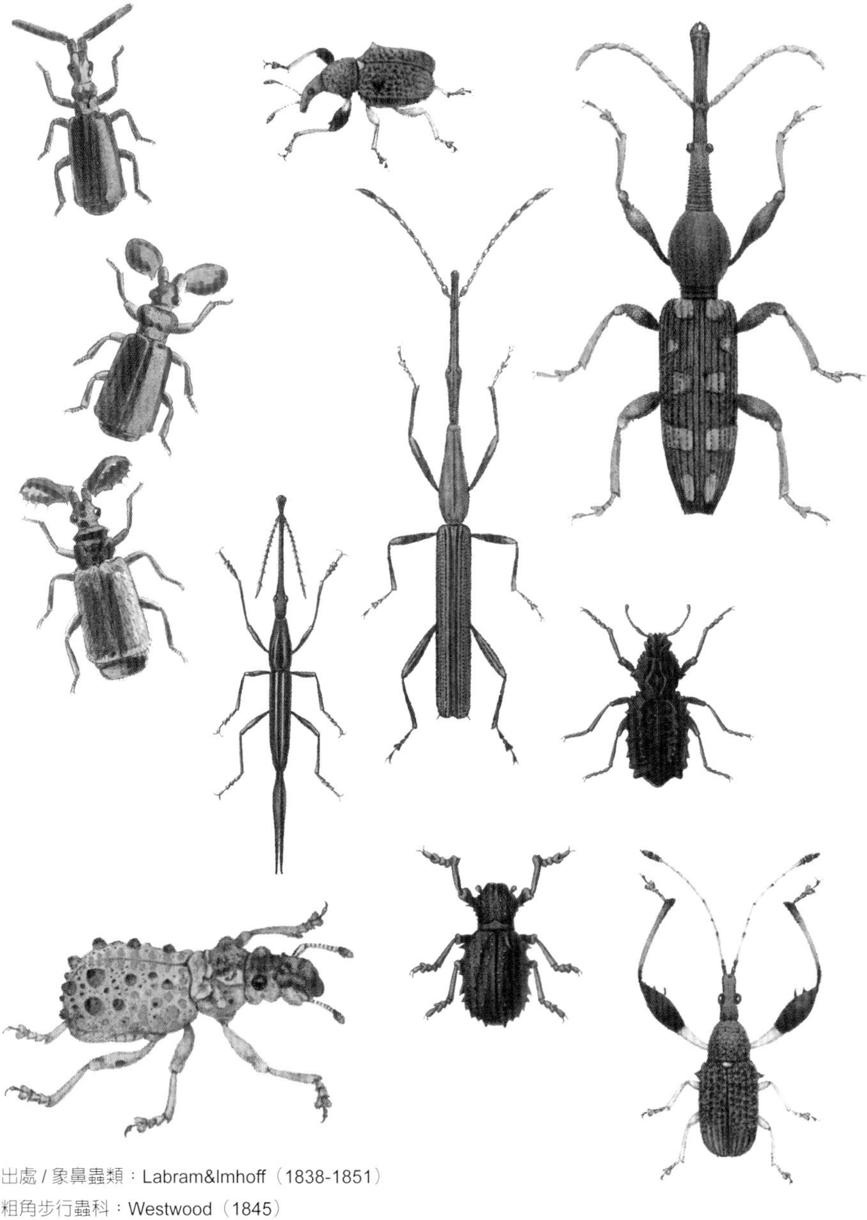

出處 / 象鼻蟲類：Labram&Imhoff（1838-1851）
粗角步行蟲科：Westwood（1845）

contents

[範例]

有刺無刺鐵甲蟲 —— 中文名

Uroplata sp. —— 學名

金花蟲科 —— 亞科/族

祕魯 —— 採集地

出現在左下角「×4」等的符號，表示在該頁的照片為依原尺寸放大的倍數。當倍率的符號出現在昆蟲附近，表示該張照片依照原尺寸放大的倍數，和頁數左下角的倍數沒有關係。

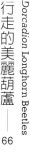

何謂甲蟲

What is a Beetle?

兔棍棒蟻塚蟲

Colilodion concinnus

隱翅蟲科

印尼（蘇門答臘島）

擁有像兔耳般的觸角，很可能棲息在蟻巢，但生態不明。

大白蟻隱翅蟲

Termitobia darlingtonae

隱翅蟲科

肯亞

棲身在製造巨大蟻塚的土白蟻巢裡。擬態為白蟻，所以腹部像白蟻一樣鼓脹。

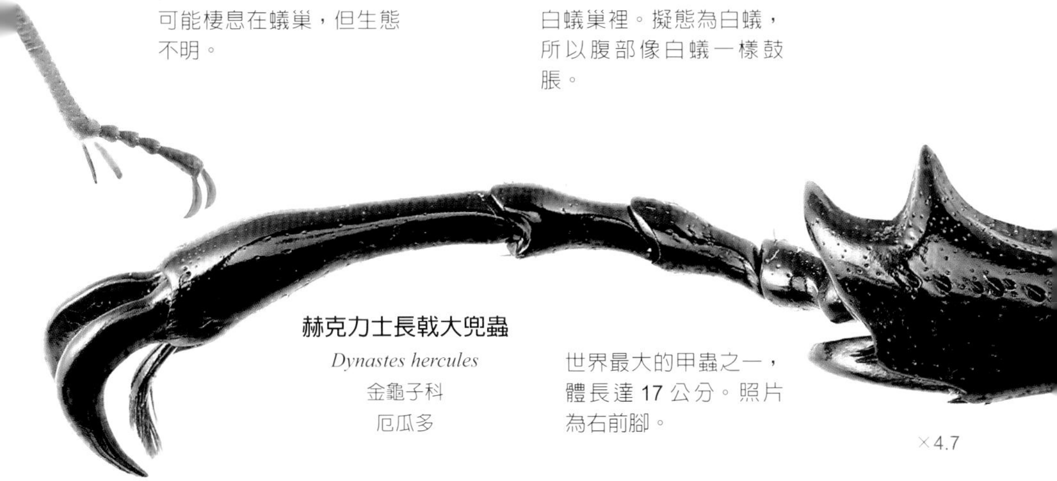

赫克力士長戟大兜蟲

Dynastes hercules

金龜子科

厄瓜多

世界最大的甲蟲之一，體長達 17 公分。照片為右前腳。

×4.7

我想，只要請各位想起獨角仙的樣子就可以了解，甲蟲最重要的特徵是堅硬的前翅。想必各位也知道，一般人都不陌生的鍬形蟲和金龜子也具備相同特徵。

甲蟲的另一項重要特徵是種類繁多。目前已知的昆蟲已超過一百萬種，其中約有40％是甲蟲，而這40萬種的甲蟲，占了全體生物種類約25％。

另外，據說還有其他新種甲蟲的存在，其種類是既有甲蟲的好幾倍。如果說種類不同，代表牠們的模樣和生活型態也不同，那麼不難想像，甲蟲的世界是如此浩瀚無邊與深不可測了。

事實上，甲蟲的確是一種包羅萬象的生物；以棲息環境而言，從熱帶到極地的所有陸地乃至水中都找得到其蹤影；以食性而言，肉食性、雜食性、草食性、菌食性、寄生性等皆一應俱全；以體型大小而言，小至0.33毫米，大至17公分，落差非常明顯。至於外形的多樣性，想必各位只要翻開本書就無需我多加說明了。

其實，我一開始提到「堅硬的前翅」，正是甲蟲其多樣性的重要因素。透過現存最古老、約有二億七千萬年歷史的甲蟲化石，目前已證實甲蟲在當時已經具備堅硬的前翅。

甲蟲在當時都是隱藏在石頭下，或躲在枯萎的植

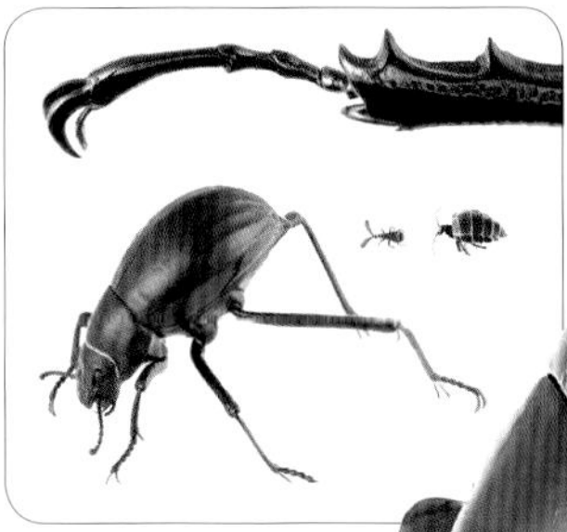

實際大小

沐霧甲蟲

Onymacris unguicularis

擬步行蟲科

納米比亞

棲息在環境嚴苛的沙漠。如圖所示，牠會以倒立的姿勢沐霧，讓沾附在身體的水滴滾落口中，以攝取水分。

長扁甲的一種

Mallecupes sp.

長扁甲科

緬甸

被包覆在約 1 億年前的琥珀化石，尚未正式對外發表（山本周平攝影）。

物裡生活，而堅硬的前翅也發揮了避免身體受傷和防止細菌感染的功能。等到甲蟲來到光線明亮的環境，前翅的作用也轉換爲保持身體乾燥和防止外敵攻擊。有些甲蟲的身體甚至會儲存毒液，而且前翅的色彩也轉變爲具備強烈的警告作用。

如前所述，透過前翅所具備的各種功能，甲蟲會隨著各種環境和食性，特化爲各種不同的種類。

有些甲蟲的後翅可以摺疊起來收納在前翅之下，等到飛行時再伸展開來。不過，有不少甲蟲的後翅已經退化，無法飛行，反倒是前翅變短的甲蟲增加了。我想，甲蟲的姿態之所以如此千變萬化，全拜奇妙的演化所賜吧。

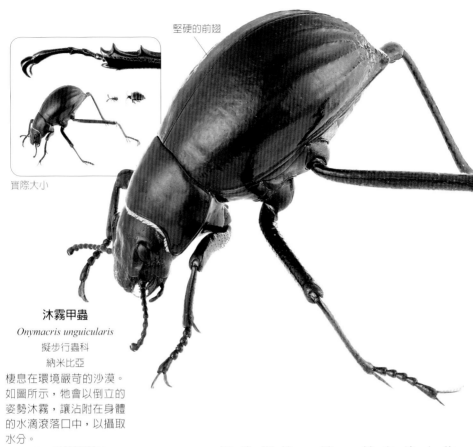

Spiny Beetles

外形奇特的和平主義者

渾身是刺的甲蟲

這些甲蟲看起來有如世紀末的凶神惡煞，一臉不好惹的姿態。

牠們的外形，讓人望而生畏。雖然感覺牠們全身都是武器，其實這完全只是用來嚇唬對方的防身之物。這些甲蟲的性格都很溫和，和渾身帶刺的外表形成強烈反差。拜小鳥和蜥蜴等天敵一見這渾身帶刺模樣就退避三舍所賜，牠們不必戰鬥就能全身而退。

螢鏃叩頭蟲
Pachyderes sp.
叩頭蟲科
馬來西亞（婆羅洲）

瘤刺偽瓢蟲
Amphisternus sp.
偽瓢蟲科
馬來西亞（婆羅洲）

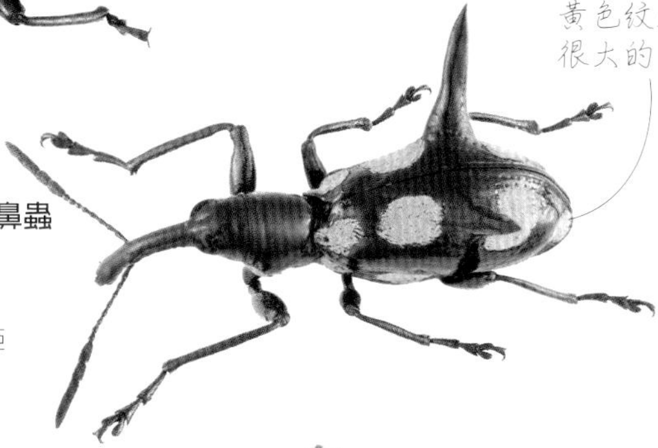

黃紋大刺三錐象鼻蟲
Aporhina sp.
三錐象鼻蟲科
巴布亞紐幾內亞

白線針山象鼻蟲
Acantholophus niveovittatus
象鼻蟲科
澳洲

整體無刺，
只有這裡有刺

有刺無刺鐵甲蟲
Uroplata sp.
金花蟲科
祕魯

讓人摸不著頭緒的名字。鐵甲蟲亞科是金花蟲的族群之一，大多帶刺，所以有些刺已經退化的種類稱為「無刺鐵甲蟲」。但本種屬於刺原本已經退化又再度演化的種類，所以稱為有刺無刺。

對馬緣闊鐵甲蟲
Platypria melli
金花蟲科
日本
在日本的棲息地只有對馬。

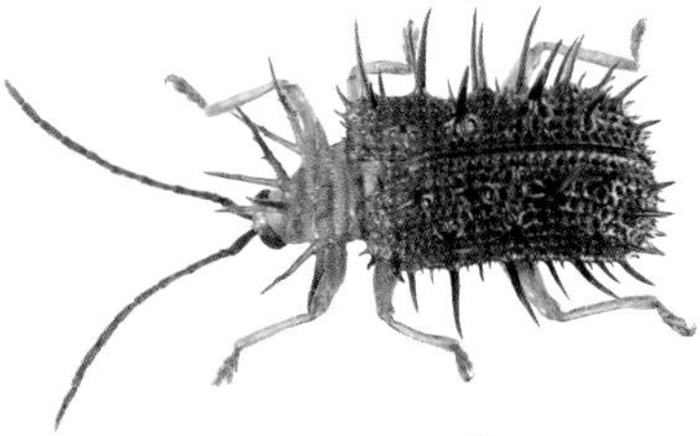

前紅鐵甲蟲
Hispa sp.
金花蟲科
印尼（蘇門答臘島）

同一地區的葉甲和捲葉象鼻蟲，若生活圈有重疊情形，體色大多類似，而且應該是互相擬態。換言之，牠們企圖藉由同樣的體色，讓捕食者早點產生「這個顏色很危險不能吃」的認知。

前紅刺胡麻斑捲葉象鼻蟲
Echinapoderus sp.
捲葉象鼻蟲科
馬來西亞（婆羅洲）

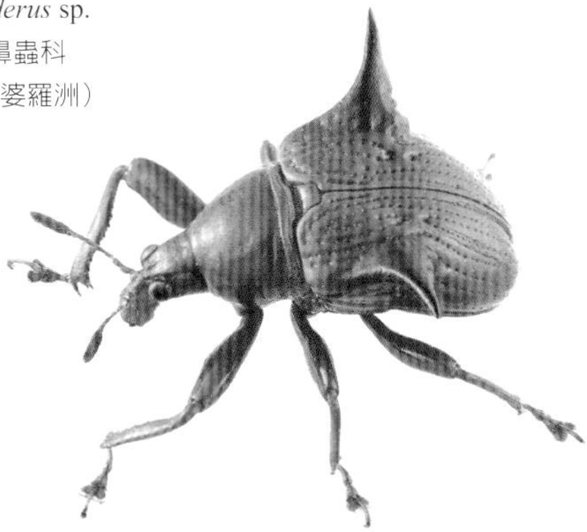

隆肩長腳捲葉象鼻蟲
Lamprolabus cf. *spiculatus*
捲葉象鼻蟲科
泰國

學名的意思是撒旦。
恐怖的外形和這個名
字的確很相襯

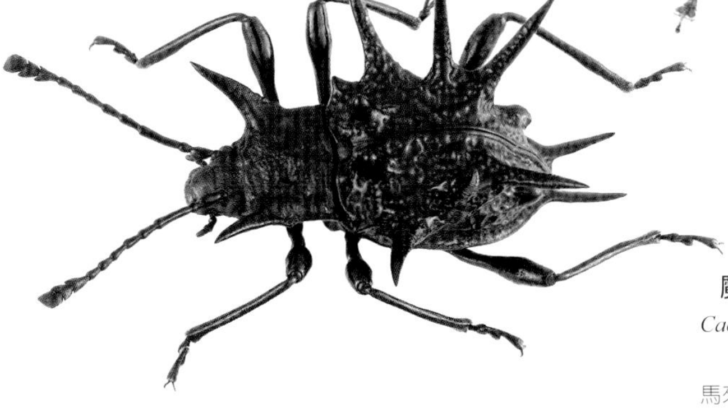

魔王刺偽瓢蟲
Cacodaemon satanas
偽瓢蟲科
馬來西亞（婆羅洲）

×4.5

Ceratocanthine Scarab Beetles

會縮成一團和不會縮成一團的類型

圓滾滾的球金龜（駝金龜科）

球金龜的成員像鼠婦（丸子蟲）一樣縮成一團，大多棲息在白蟻巢。至於牠們爲何把身體縮成一團，我想原因可能是爲了自保。當外敵入侵白蟻巢時，把身體縮成一團可以避免被吃掉。不過，有一些已經徹底成爲白蟻巢一員的球金龜成員，不會把身體縮成一團。

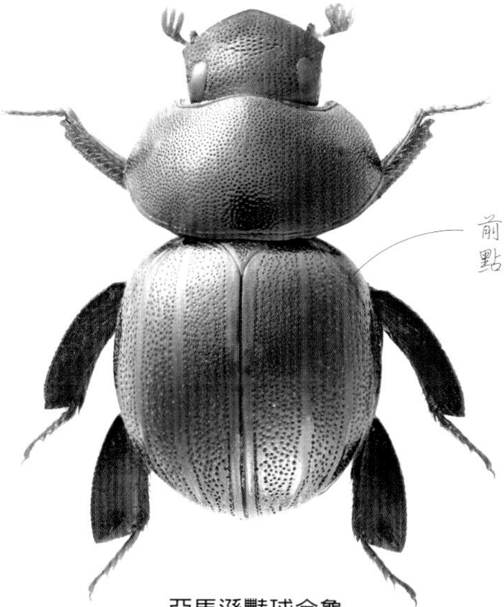

亞馬遜豔球金龜
Ceratocanthus amazonicus
法屬圭亞那

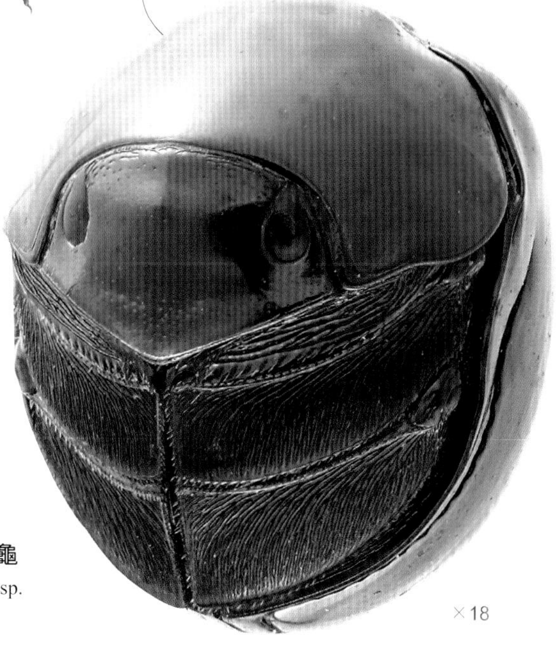

卡宴豔球金龜
Ceratocanthus sp.
法屬圭亞那

豔長球金龜

Germarostes sp.

法屬圭亞那

鼩鼱球金龜

Astaenomoechus setosus

法屬圭亞那

毀壞白蟻窩後，在晚間前往聚集。至於在裡面做什麼就不得而知了。

條紋長球金龜

Germarostes senegalensis

法屬圭亞那

凹胸厚齒金龜

Ivieolus brooksi

法屬圭亞那

大概以白蟻巢為家，但只找到飛翔中的個體，對其生態完全沒有掌握。

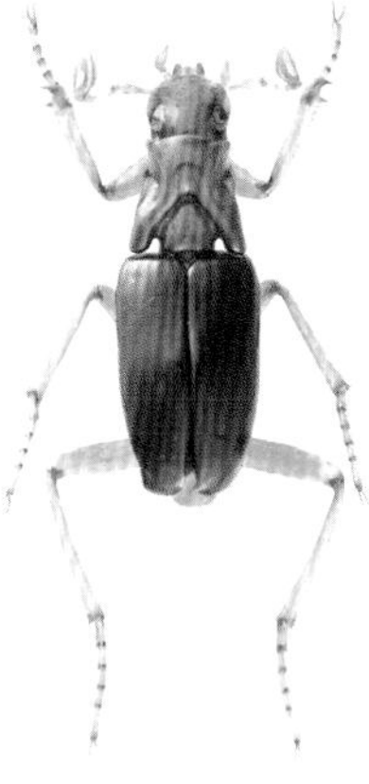

擬白蟻金龜

Scarabatermes amazonensis

巴西

棲息在白蟻巢。腹部鬆軟鼓脹，一般認為是擬態為白蟻。拜這點所賜，牠可以順利混入白蟻巢，和白蟻們享受一樣的待遇。

×7.5

葉子上的寶玉

Broad-Shouldered Leaf Beetle

廣肩金花蟲（金花蟲科）

廣肩金花蟲的成員分布在中南美洲熱帶雨林。體型碩大渾圓，帶著玉石般的光澤。體色和斑紋的變化很多，散發著美麗的金屬光澤，胸部下方帶有向前伸出的角狀突起。許多種類的成蟲具備撫育幼蟲的習性，因此可觀察到成蟲及其後代在葉片或莖上活動的樣子。

胸、翅的顏色和質感都不一樣

亞馬遜廣肩金花蟲

Doryphora cf. *amazona*

祕魯

類似的物種很多。

歐伯圖爾廣肩金花蟲

Doryphora cf. *oberthuri*

祕魯

實際大小

點線廣肩金花蟲

Platyphora sp.

巴西

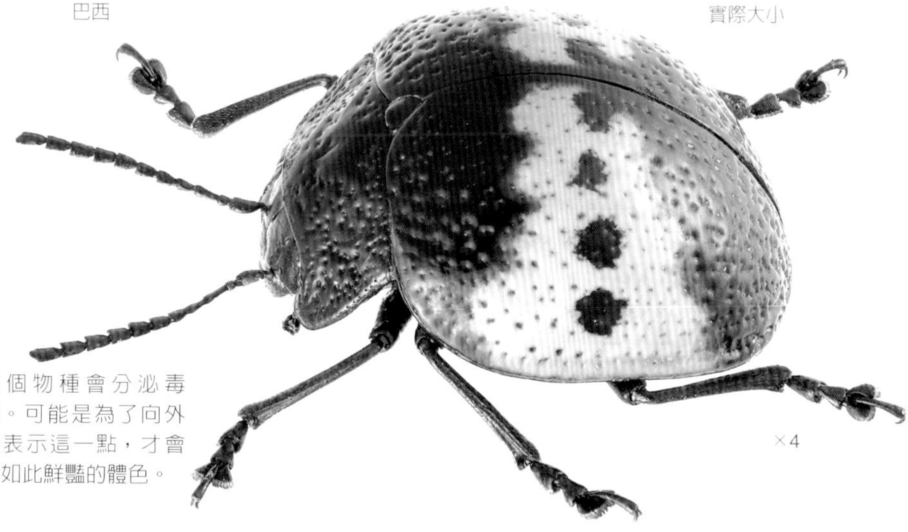

×4

這個物種會分泌毒素。可能是為了向外界表示這一點，才會有如此鮮豔的體色。

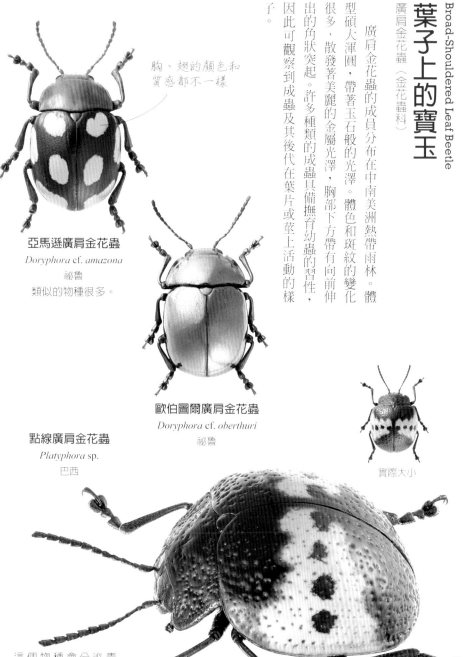

看似規律其實不甚
規律的水珠圖案

水珠廣肩金花蟲

Doryphora punctatissima

祕魯

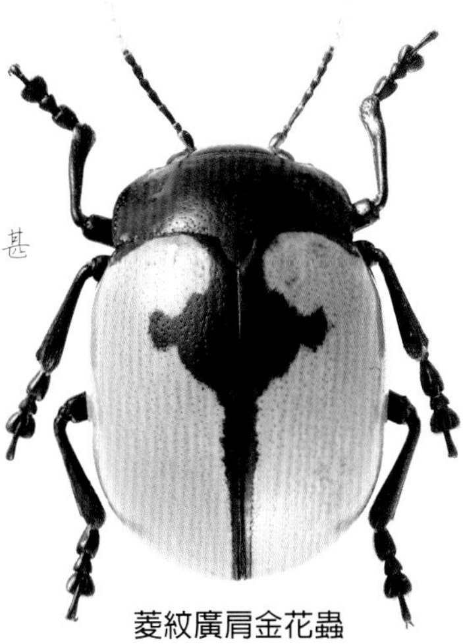

菱紋廣肩金花蟲

Platyphora romani

祕魯

顏色類似於在古代
被視為特別的石頭

翡翠廣肩金花蟲

Platyphora cf. *albovirens*

法屬圭亞那

皇家廣肩金花蟲

Platyphora princeps

祕魯

祖母綠寬肩金花蟲

Platyphora thomsoni

祕魯

格紋寬肩金花蟲

Platyphora sp.

法屬圭亞那

×2.4

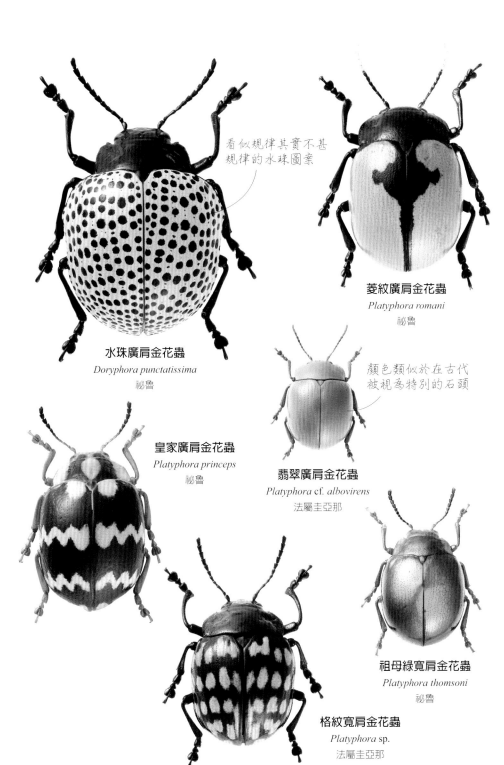

螞蟻打造的雕像

Ant Nest Beetles

粗角步行蟲（步行蟲科）

該族群共通點是毫無例外的皆以蟻窩爲家的蟻客。愈是進化的種類，觸角的節愈靠得緊密，而且節數愈少。觸角裡密布著腺體，會分泌出螞蟻喜愛的氣味。觸角的形狀受到與螞蟻的關係而產生變化，可以說是在演化過程中，配合螞蟻的喜好而產生。

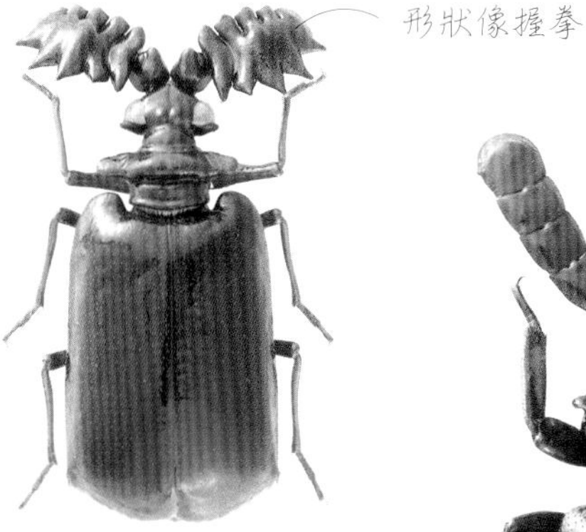

肯地澤拳頭粗角步行蟲

Lebioderus candezei

馬來西亞（婆羅洲）

五節粗角步行蟲

Pentaplatarthrus paussoides

南非

沃斯曼粗角步行蟲

Mesarthropterus wasmanni

肯亞

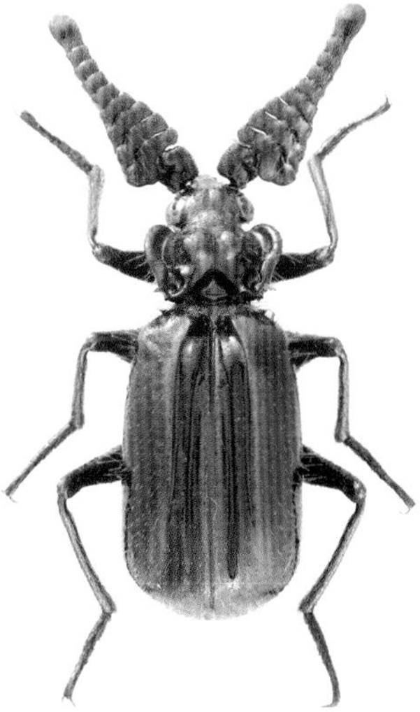

費朗紋翅粗角步行蟲

Heteropaussus ferranti

肯亞

姬大粗角步行蟲
Cerapterus cf. *denoiti*
中非共和國

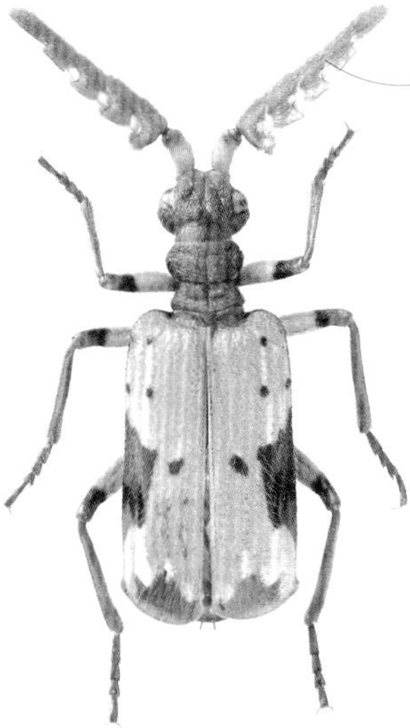

羽毛角粗角步行蟲
Pterorhopalus mizotai
馬來西亞（婆羅洲）
由丸山發表的新屬新種。非常少見。

巴吉利圓粗角步行蟲
Platyrhopalides badgleyi
泰國
相當少見的奇珍異種，但偶爾會看到牠們成群出沒。

棍棒粗角步行蟲
Paussus cylindricornis
坦尚尼亞
和他種相比觸角反而變細，但這也是一種演化。

燈籠粗角步行蟲
Paussus sphaerocerus
貝南共和國

以前的人相信牠的觸角會發光。亞洲和非洲堪稱粗角步行蟲的大本營，屬的數量和種數都相當可觀。

×5.7

蘇門答臘隱翅蟲
Sumatrilla sumatrensis
隱翅蟲科
印尼（蘇門答臘島）

column

武器的意義
Weapons of Beetles

在衆多甲蟲成員當中，雖然不乏和平愛好者，但有許多種類會出現同種之間互相攻擊行爲，原因是爲了爭奪食物、住處、異性。說到甲蟲用來戰鬥的武器，其中最爲人所知的就是獨角仙的犄角。一般認爲，雄獨角仙以犄角爲武器進行戰鬥，是爲了贏得與雌蟲交配的機會與確保求偶之地的樹液所演化後的結果。鍬形蟲的大顎也是基於同樣的目的而演化。

這裡要提醒大家注意的是，「角」和「牙」的差異所在。這兩者都是雄蟲爲了戰鬥所不斷演化而成，但兩者分屬於不同的身體部位，相較於角是「頭部與胸部的突起」，牙則是「大顎」。如前所述，依照分類群的不同，甲蟲用來當作武器，身體發達的部位也有所不同。

本單元將各以身體不同部位當作武器的雄甲蟲們放在一起，進行比較。

鐮刀腳象鼻蟲
Enoplocyrtus marusan
象鼻蟲科
菲律賓（呂宋島）
學名源自於丸山的稱呼「馬魯桑」。

薩蘭蓋馬糞金龜
Saprovisca sarangay
金龜子科
菲律賓（呂宋島）

冰鉗扁甲
Palaestes sp.
扁甲科
法屬圭亞那

冰鉗扁甲分布在南美的森林，棲息在樹皮之下，特徵是體型非常扁平。雄蟲擁有異常彎曲的大顎，據推測可能是用來確保自己在樹皮下的勢力範圍不受到侵犯。

薩蘭蓋馬糞金龜是在菲律賓發現的物種，雖然氣派的程度遜於獨角仙，不過頭上也長了角。我猜這種甲蟲的雄蟲也會在樹皮下劃分自己的勢力範圍。

乍看之下，扁角小吉丁蟲的武器就是牠的大顎，其實並不是。誤認的原因是雄蟲觸角的第一節很發達，看起來就像角。

蘇門答臘隱翅蟲的腹部有突起，雄蟲們打鬥時會互相攻擊此處。

用前腳與對方扭打的雄蟲並不在少數。鐮刀腳象鼻蟲的雄蟲，其前腳的形狀獨特，彼此爲了爭奪雌蟲時，很可能將之當作戰鬥的武器。

不論是哪一種都很帥氣。還有其他身懷武器的甲蟲也會陸續在本書登場，總而言之，說到甲蟲外形的魅力，牠們具備的武器可說是一大賣點。

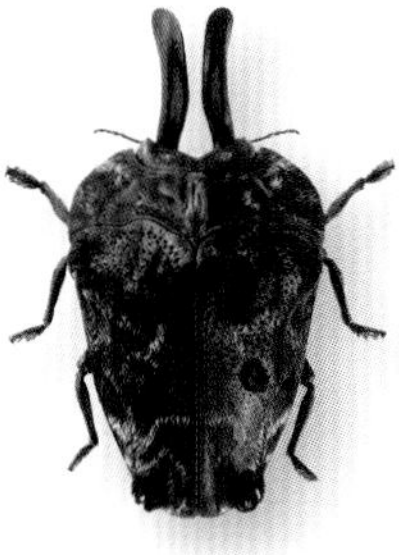

扁角小吉丁蟲
Trachyini gen.sp.
吉丁蟲科
菲律賓（呂宋島）

×5.6

尋找伴侶的天線

Feather-Like Antennae Beetles

具備櫛齒狀觸角的甲蟲

櫛角瘤狀叩頭蟲
Balgus tuberculosus
叩頭蟲科
巴西

紅郭公蟲
Diplopherusa sp.
郭公蟲科
泰國

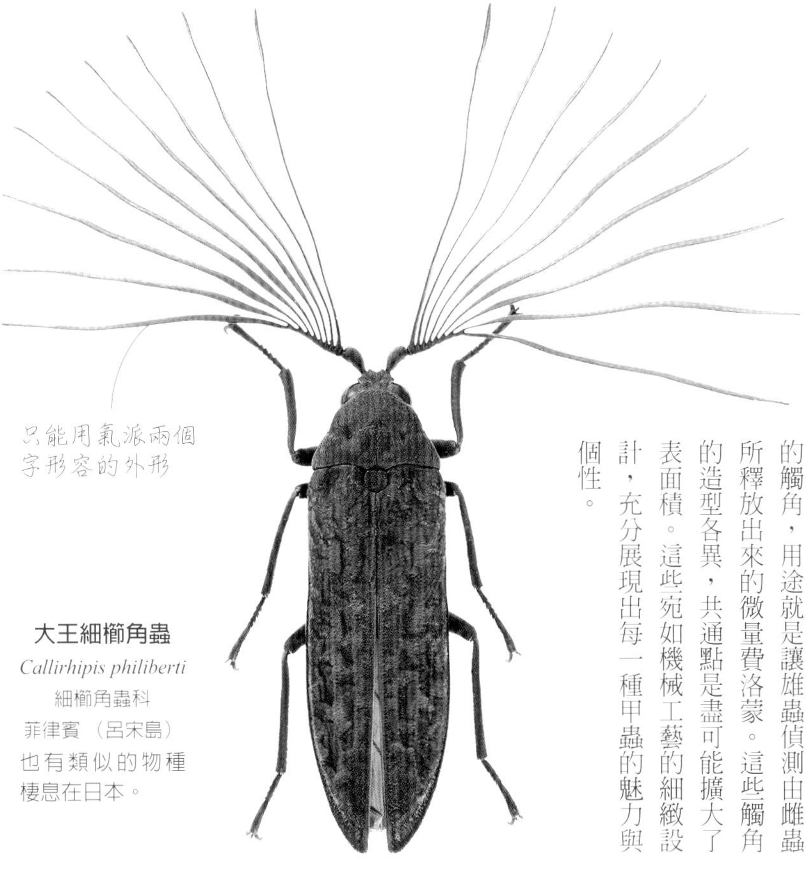

大王細櫛角蟲
Callirhipis philiberti
細櫛角蟲科
菲律賓（呂宋島）
也有類似的物種棲息在日本。

以下介紹的全部都是雄蟲。因爲該種的雌蟲觸角都很普通。這些巨大的觸角，用途就是讓雄蟲偵測由雌蟲所釋放出來的微量費洛蒙。這些觸角的造型各異，共通點是盡可能擴大了表面積。這些宛如機械工藝的細緻設計，充分展現出每一種甲蟲的魅力與個性。

櫛齒狀的觸角分支伸得很長，像頭髮一樣

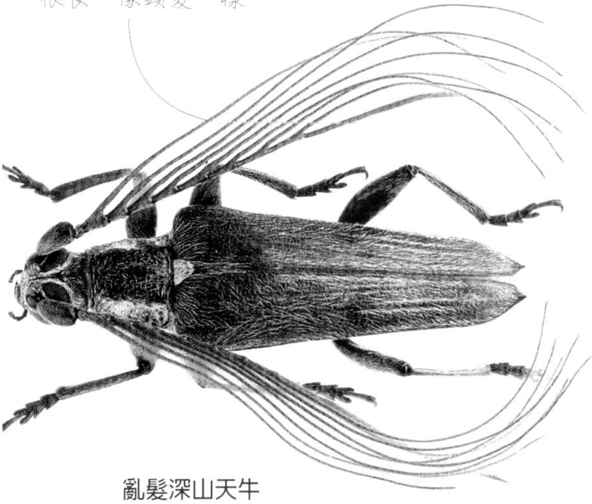

亂髮深山天牛
Aprosictus lombokensis
天牛科
印尼（龍目島）

櫛角蟑螂螢火蟲
Lucio sp.
螢科
法屬圭亞那
外形和蟑螂十分相似的大型螢火蟲。

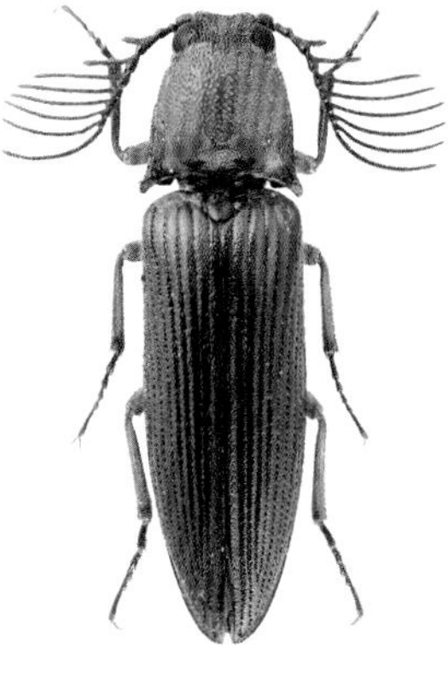

南美櫛角叩頭蟲
Gen. sp.
叩頭蟲科
祕魯

好像裝了假睫毛

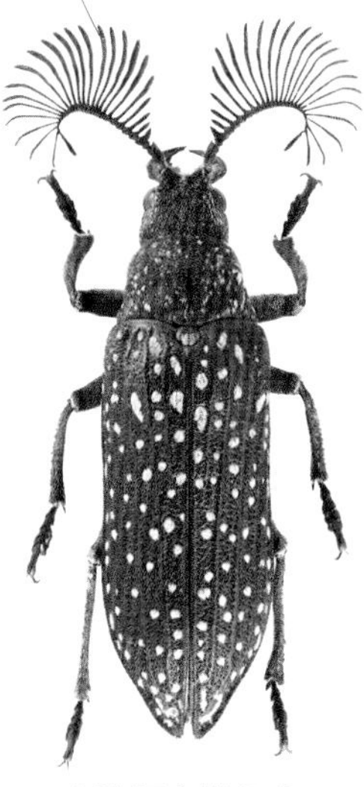

水珠朽木櫛角蟲
Rhipicera femoralis
蟬寄甲科
澳洲

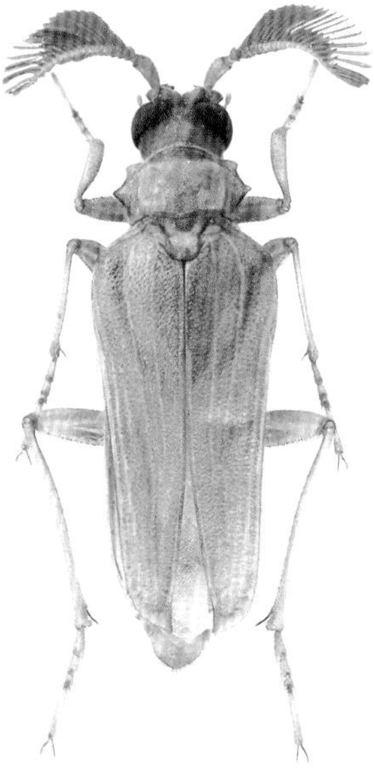

科馬羅夫櫛角鋸天牛
Microarthron komarovi
天牛科
烏茲別克

×2.8

Didrepanephorine Scarab Beetles

奇形怪狀的圓形甲蟲們

鍬形金龜（金龜子科）

鍬形金龜的成員們姿態各異，共通點是圓滾可愛的身軀，配上霸氣十足的突起。有些擁有誇張的大牙，有些是頭部或勾爪長角，不一而足。這群在東南亞最具代表性的特殊金龜，雖然可以在光亮處發現其蹤影，但有關白天時的活動狀態，卻依然成謎。

胸角豬金龜
Peperonota harringtoni
越南

吉富鍬形金龜
Kibakoganea yoshitomii
越南

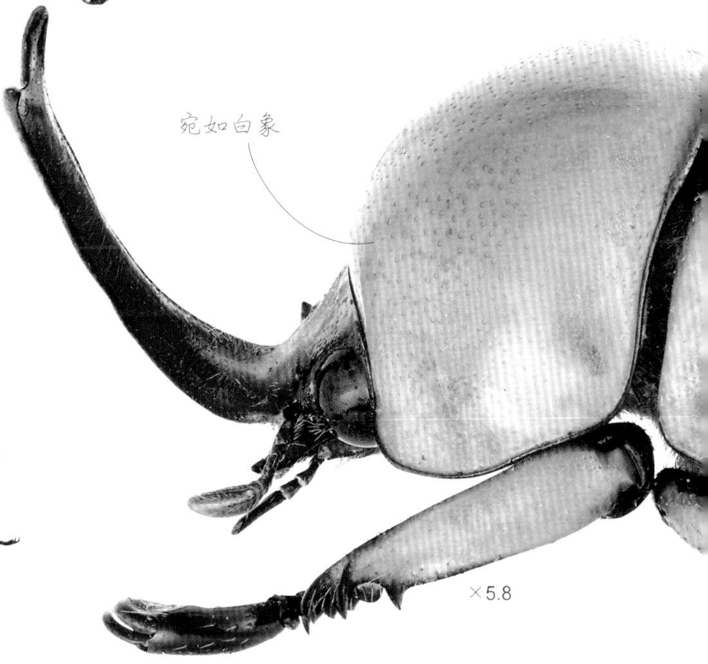

扁角金龜
Ceroplophana modiglianii
馬來西亞

實體大小

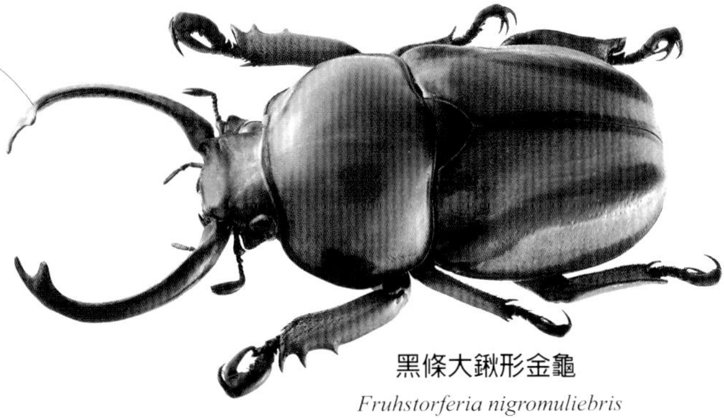

黑條大鍬形金龜

Fruhstorferia nigromuliebris

馬來西亞（婆羅洲）

體型非常巨大，是婆羅洲最具代表性的鍬形金龜。

台灣鍬形金龜

Kibakoganea formosana

台灣

除了冬季在有朽木之處採集得到，到了初夏，牠們也會趨近有燈火的地方。

鬃毛豎角鍬形金龜

Didrepanephorus arnaudi

越南

馬來豎角鍬形金龜

Didrepanephorus malayanus

馬來西亞

這是丸山生平第一次採集到的鍬形金龜，非常難得一見。

弓角豬金龜

Dicaulocephalus feae

泰國

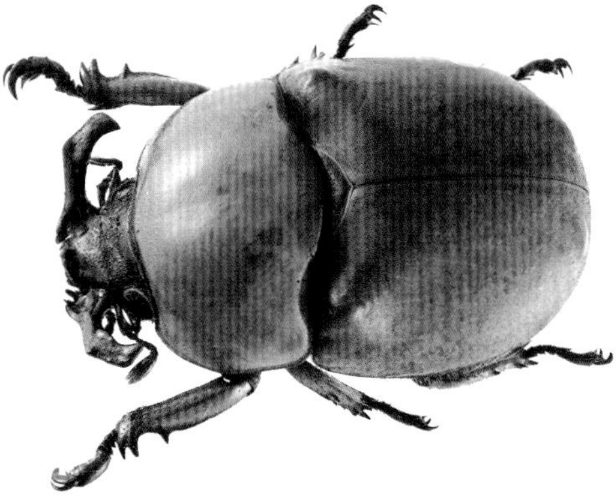

×2.2

冒牌分身的百鬼夜行

混入行軍蟻的隱翅蟲（隱翅蟲科）

行軍蟻的特色是集體狩獵，像遊牧民族一般不斷遷徙，不打造固定的蟻巢。在觀察牠們移動的過程中，可以發現一些奇妙的甲蟲。不論哪一種，外形都與螞蟻幾可亂眞，甚至連身上的氣味都和螞蟻差不多。牠們維妙維肖的偽裝完全騙過螞蟻，讓自己順利成爲行軍蟻的一員。而牠們便利用這個機會奪取食物，甚至連螞蟻的幼蟲也淪爲牠們的盤中飧。

粗行軍蟻
Nomamyrmex hartigii
蟻科
祕魯

沒有前翅也沒有後翅

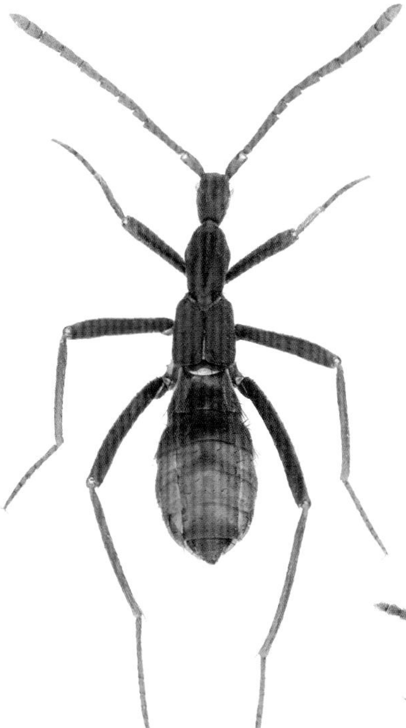

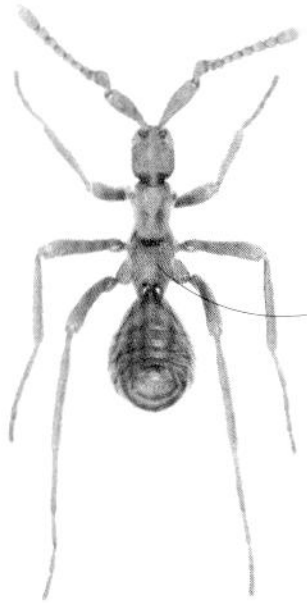

無翅行軍蟻隱翅蟲
Pseudomimeciton zikani
祕魯

溝紋行軍蟻隱翅蟲
Ecitocryptus sulcatus
祕魯
與粗行軍蟻共生。一旦混入螞蟻的行列，看起來幾乎和螞蟻別無兩樣。

和螞蟻的腹柄節一樣往內縮

擬行軍蟻隱翅蟲
Ecitophya simulans
祕魯

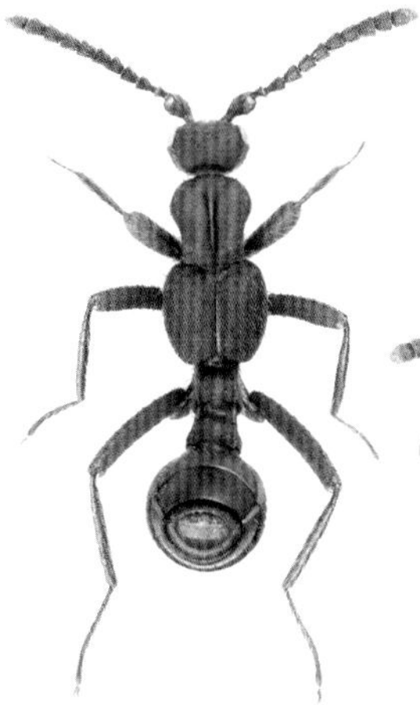

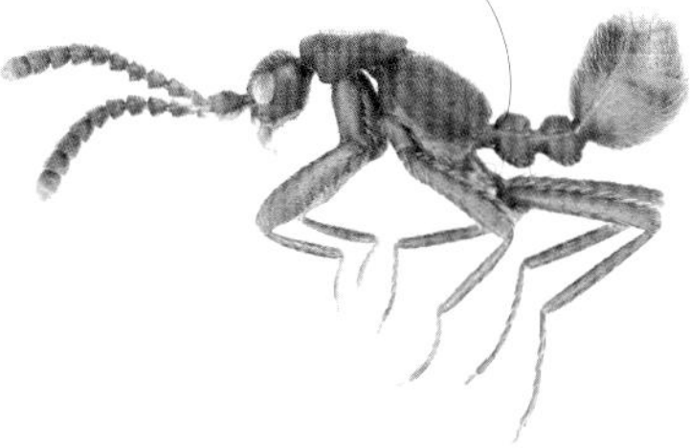

長麥稈隱翅蟲

Mimanomma spectrum

喀麥隆

一開始所屬不明，其姿態之怪異，甚至足以自成獨立的一科。

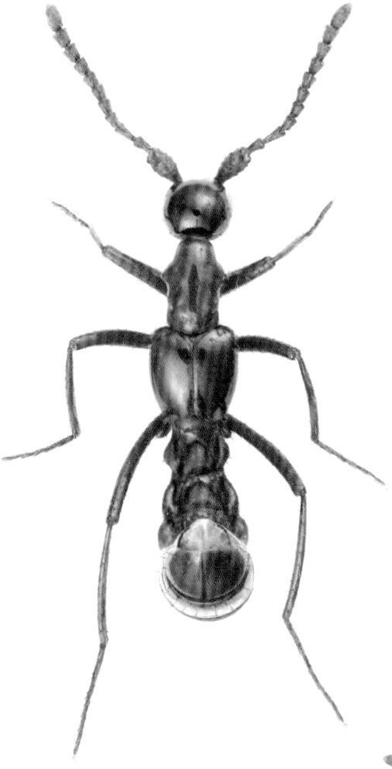

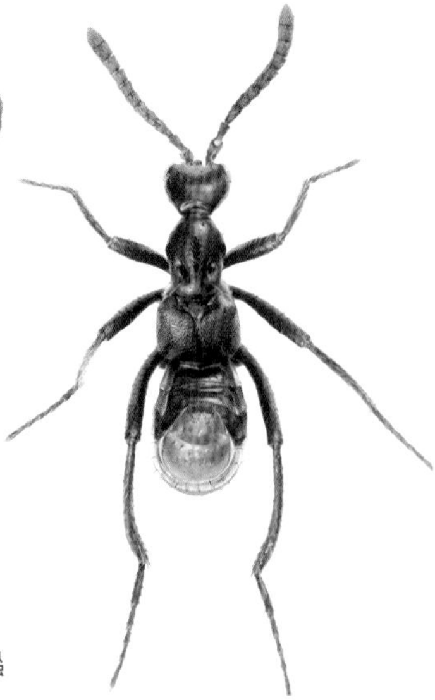

魏斯弗洛格姬流離隱翅蟲

Weissflogia pubescens

馬來西亞（婆羅洲）

丸山發表的新種。

姬流離粗鬚隱翅蟲

Myrmecosticta exceptionalis

馬來西亞（婆羅洲）

丸山發表的新屬新種。

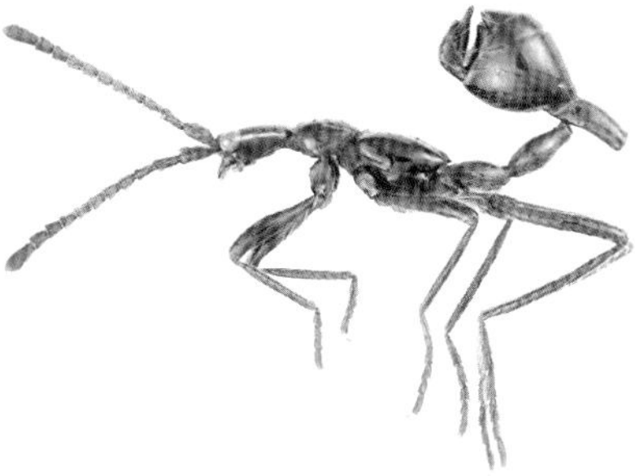

姬流離隱翅蟲

Aenictoteras malayensis

馬來西亞

緬甸長頸姬流離隱翅蟲

Giraffaenictus sp.

緬甸

在緬甸深山發現的新種。透過本書首度向全世界公開。

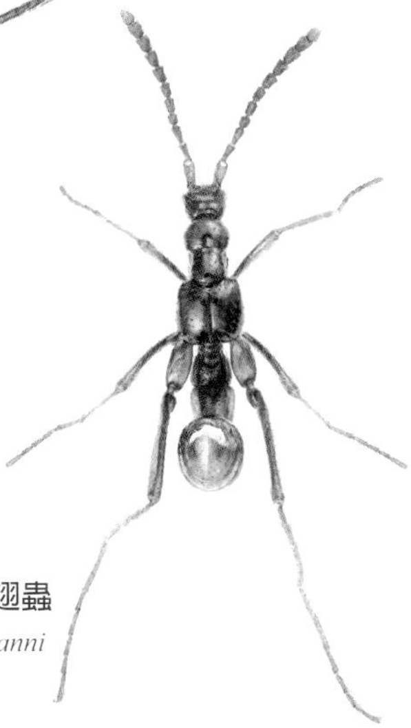

腹瘤姬行軍蟻隱翅蟲

Diploeciton nevermanni

哥斯大黎加

×12

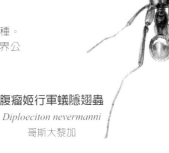

Blister Beetles

變態過度的生活

芫菁（芫菁科）

外表看起來有毒，事實上，芫菁的身體確實會分泌毒素，以往也一直被當作漢方的生藥使用。芫菁不只外形奇特，還擁有相當少見的生態。其幼蟲會寄生在其他昆蟲的卵或巢，此外，芫菁在化蛹之前會進入一段停止活動的靜止期，其獨特的生活方式被稱爲「過變態」。

虹紋芫菁

Meloe variegatus

喬治亞共和國

日本也有同屬種類，但本種的體型非常巨大，看起來很壯觀。牠們在幼蟲時代寄生在蜂類的巢裡，以工蜂收集而來的花粉和卵為食物。成蟲在春季現身，以各種植物的葉片為食物來源。

豹紋豆芫菁

Epicauta leopardina

阿根廷

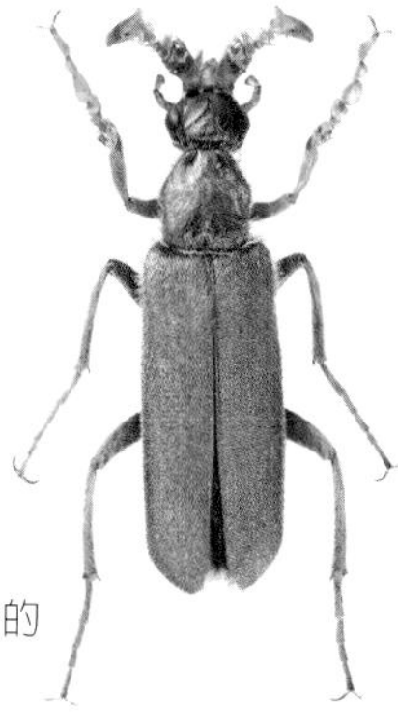

粗鬚芫菁

Cerocoma schreberi

吉爾吉斯

雄蟲擁有構造十分複雜的觸角。

豆狸芫菁
Cysteodemus wislizeni
美國

碩大的頭部搭配
看似凶猛的大顎

闊顎紅芫菁
Synhoria maxillosa
日本

日本首屈一指的奇蟲，一摸會散發出辣椒般的味道。幼蟲時代寄生在木蜂巢，在蜂巢附近也能看到成蟲的蹤影。雌蟲的頭部比較小。

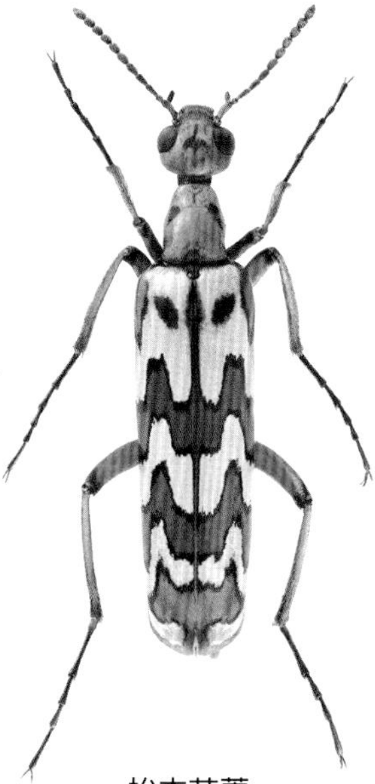

拚木芫菁
Pyrota centenaria
巴西

橫紋芫菁
Hycleus oculatus
納米比亞

白線豆芫菁
Epicauta albovittata
肯亞

幾乎所有的芫菁科在幼蟲時代都是寄生在蜂巢，但目前已知的是，唯有此屬寄生在蝗蟲的卵。

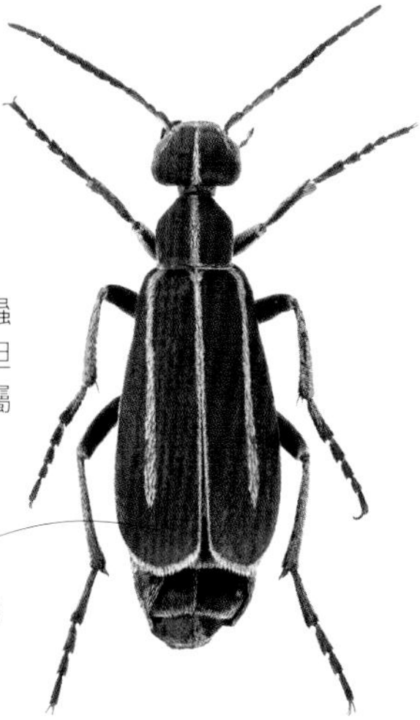
非常別緻的外形

×2.5

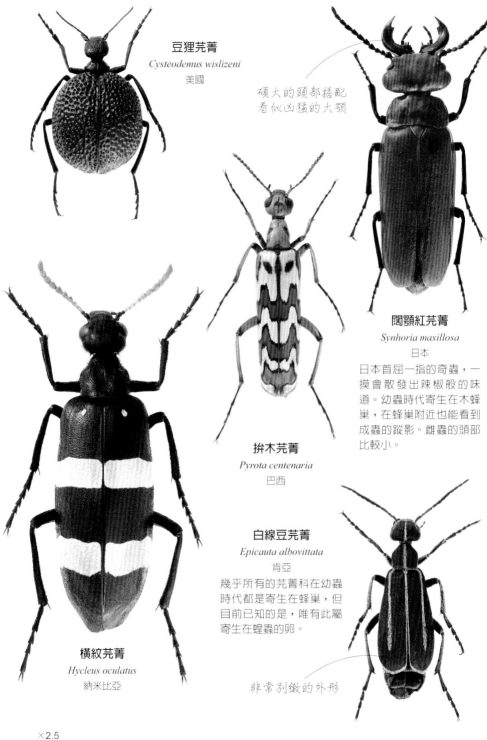

Tiger Beetles

奔馳在大地的小老虎

虎甲蟲（步行蟲科）

虎甲蟲的英文是「Tiger Beetle」，日文的漢字寫成「斑貓」。不論哪一種，其外形都會讓人聯想到貓科動物。大多數的種類在地面上活動，但也有部分種類會在樹幹上迅速移動，睜著一雙大眼，捕食其他昆蟲。正如虎甲蟲之名，是一種猛獸。幼蟲會打造巢穴，捕食經過附近的昆蟲。

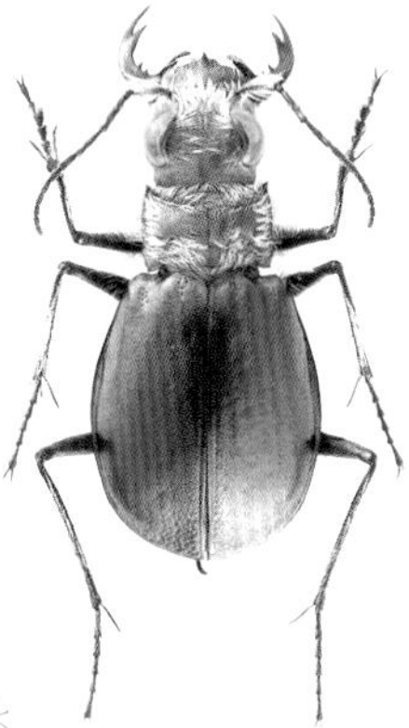

扁虎甲蟲
Eurymorpha cyanipes
納米比亞

此屬棲息在非洲南部。非洲的代表性奇蟲，以虎甲蟲而言，體型相當巨大。大多數的虎甲蟲都在白天活動，但此種屬於夜行性。

豔大閻魔王虎甲蟲
Manticora gruti
納米比亞

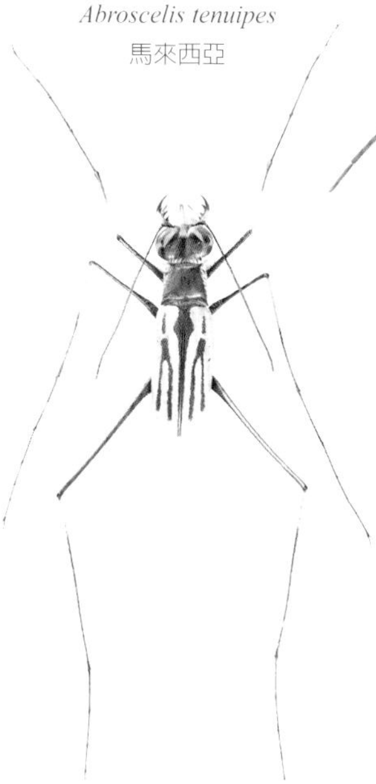

長腳虎甲蟲
Abroscelis tenuipes
馬來西亞

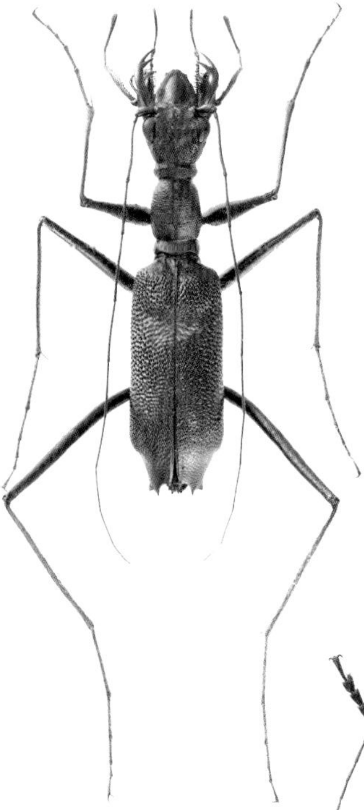

長鬚藍虎甲蟲

Pogonostoma caeruleum

馬達加斯加

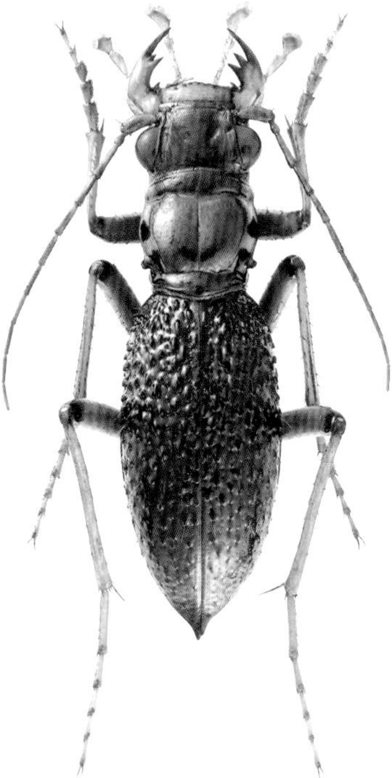

尖尾虎甲蟲

Megacephala apicespinosa

尚比亞

棲息在尚比亞的危險地帶。難得一見的稀有虎甲蟲。閃耀著金色光輝的翅鞘很美麗。兼具珍貴與美麗的價值。

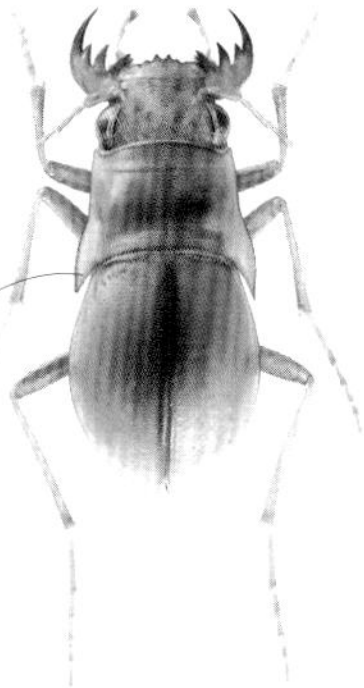

胸棘闊嘴虎甲蟲

Platychile pallida

納米比亞

棲息在海岸的沙漠地帶。體色和沙子幾乎沒有分別，所以不容易遭受外敵侵襲。

擬蟻攀木虎甲蟲

Tricondyla ventricosa

菲律賓（呂宋島）

外形和螞蟻相似。

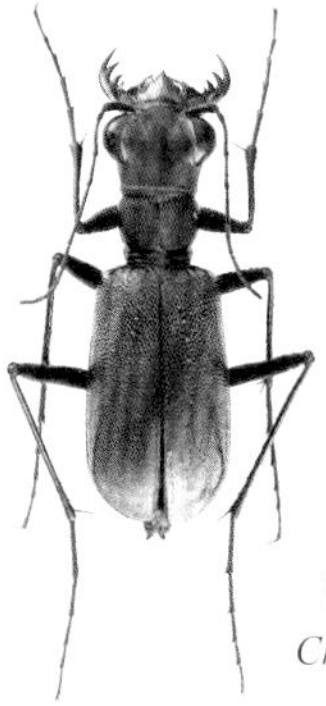

絢爛蟻塚虎甲蟲

Chelionycha auripennis

巴拉圭

×2.5

Tortoise Beetles

森林中閃閃發光的胸針

龜金花蟲（金花蟲科）

這群龜金花蟲分布於中美洲～南美洲的熱帶雨林，在葉片上有如光彩閃耀的胸針。憑藉著牠們身上有如雕金作品的金屬光澤，與超乎想像的各種花紋與圖案，即使將之稱爲自然的工藝品也不爲過。

紫網紋龜金花蟲
Stolas subreticulata
巴西

六紋龜金花蟲
Stolas illustris
墨西哥

龜金花蟲一般都以植物為食，並且把植物含有的毒素儲存在體內。華麗鮮豔的體色是為了警告天敵「我很難吃喲」。

肩也太聳了吧

角肩龜金花蟲
Dorynota bivittipennis
祕魯

如果不小心踩到好像會很痛

撒菱龜金花蟲
Dorynota cf. *pugionota*
巴西

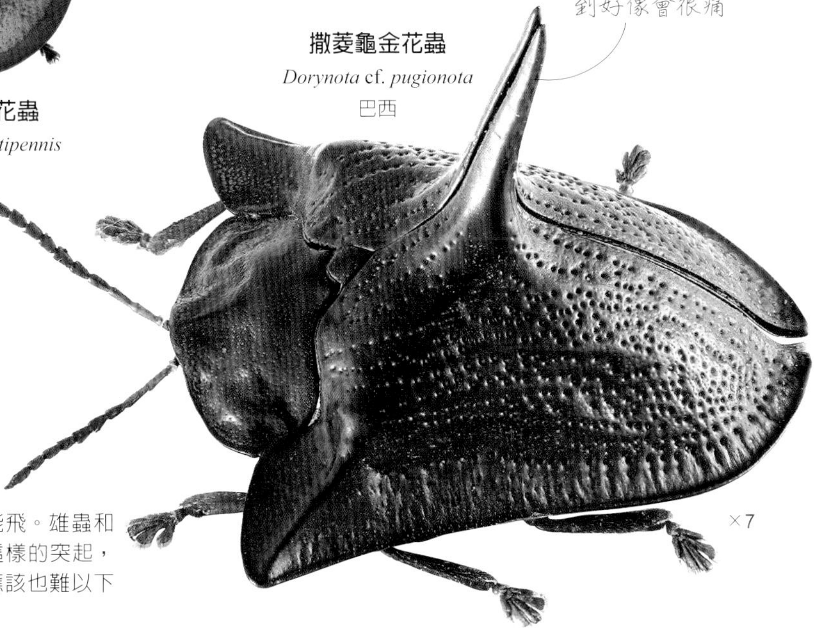

×7

實際大小

這個樣子也能飛。雄蟲和雌蟲都具備這樣的突起，想必捕食者應該也難以下嚥吧。

＊撒菱為忍者的武器。

紅網紋龜金花蟲

Botanochara impressa

祕魯

肩棘龜金花蟲

Omocerus sp.

祕魯

靛藍網紋龜金花蟲

Stolas indigacea

巴拉圭

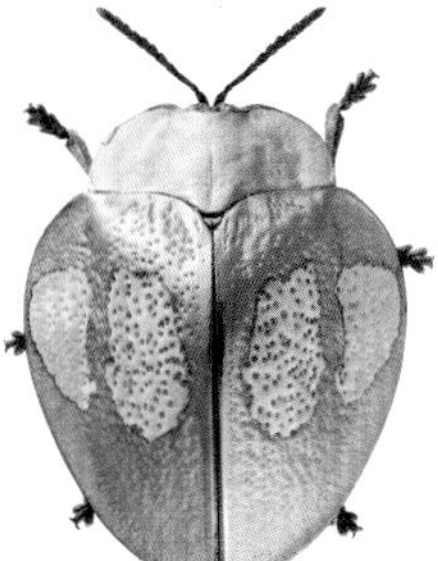

貓眼龜金花蟲

Stolas cf.*discoides*

法屬圭亞那

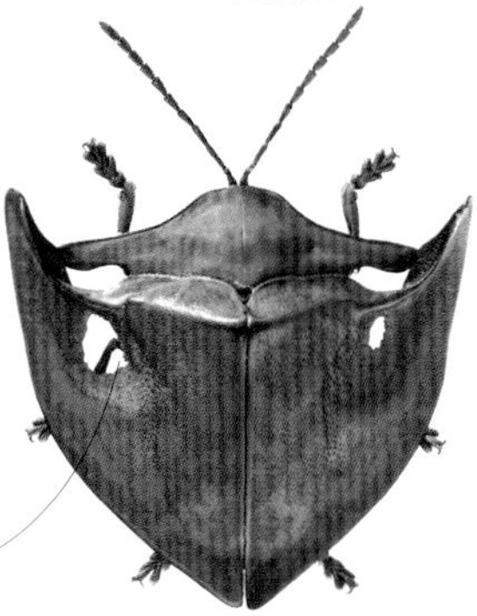

空洞是戰鬥的結果

箭蝙蝠龜金花蟲

Acromis cf.*venosa*

祕魯

前翅的空洞是雄蟲彼此打鬥造成的結果。雌蟲在幼蟲成長之前，會讓牠待在自己身體之下。

南瓜鬼怪龜金花蟲

Stolas flavoreticulata

玻利維亞

放射龜金花蟲

Stolas hermanni

祕魯

這兩頁列出的龜金花蟲，在日本也有類似種類，屬於龜金花亞科和鐵甲蟲亞科的成員。

紫肩棘龜金花蟲

Omocerus doeberli

巴西

×2.5

column

洞窟的甲蟲

Cave-Dwelling Beetles

說到洞窟，或許很多人對它的印象是漆黑、陰涼，但是在這樣的地方也有昆蟲出沒。全世界各地都有洞窟，而每個地方都存在著適應該地環境的昆蟲。其中特別知名的是在日本有許多種類的盲步甲成員。這個名字聽起來很糟糕，但這種蟲正如其名，不但沒有眼睛，體型也非常迷你。

缺乏營養，是洞窟環境的特徵之一。植物無法在洞窟裡生存，於是，蝙蝠糞便、含於地下水的微量養分是僅有的營養來源。爲了因應這一點，在耗時幾十萬、幾百萬年的漫長演化過程當中，純粹消耗能量的眼睛終於完全退化，體型也縮小成必要的最小極限尺寸。

將穴居性發揮到最極致的昆蟲，是棲息在南歐的盲球蕈甲，其中最具

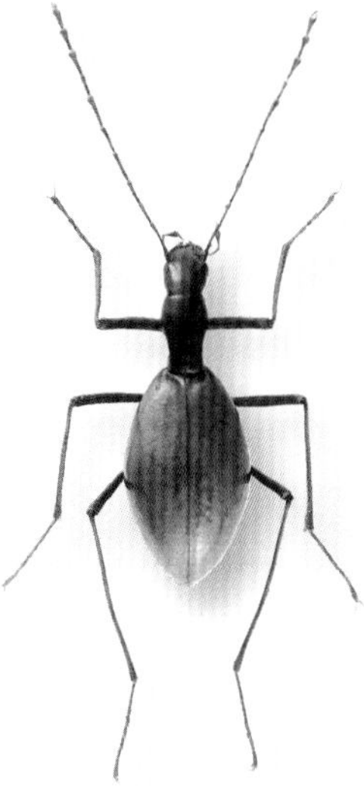

尖尾盲球蕈甲
Astagobius angustatus
球蕈甲科
斯洛維尼亞

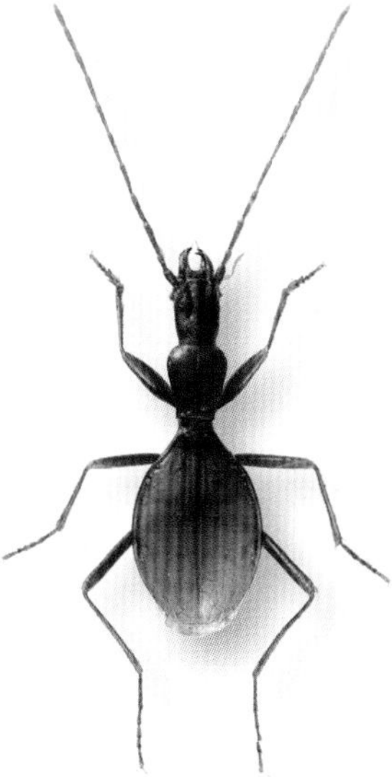

日本盲步甲
Nipponaphaenops erraticus
步行蟲科
日本

代表性的是大肚盲球蕈甲。雌蟲每次只產下一顆足以塞滿腹部的巨卵，產下的卵很快就孵化，但盲球蕈甲的幼蟲不會活動，而是直接化蛹，長爲成蟲。

一般的甲蟲，即使是幼蟲也具備活動能力，只是能力遜於成蟲。在有岩壁又有孔穴的洞窟環境下，幼蟲恐怕更不容易到處移動尋找食物吧。所以，大肚盲球蕈甲已經演化成成蟲只要穿梭在洞窟的岩壁，找到食物餵飽自己即可。爲了讓幼蟲不必攝食也能成長，必要的營養已經儲存在卵裡了。

剛長爲成蟲的大肚盲球蕈甲，身體呈半透明，極度缺乏營養，所以必須到處尋找食物以餵飽自己，好讓身體發育成熟，爲接下來的繁殖做好準備。

南歐是穴居性生物的寶庫，除了昆蟲，目前也已發現洞螈等許多眼睛已經退化的動物。

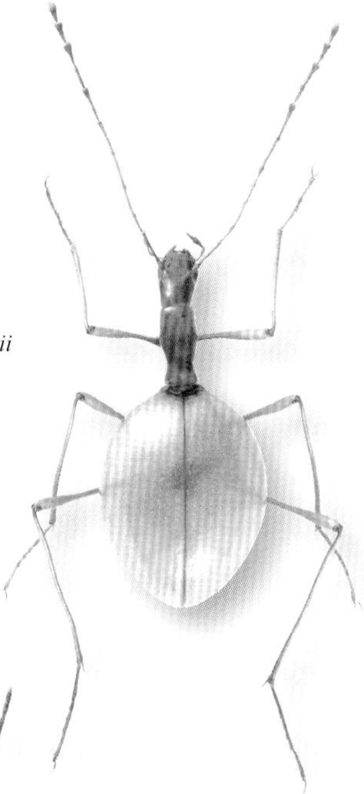

大肚盲球蕈甲
Leptodirus hochenwartii
球蕈甲科
斯洛維尼亞

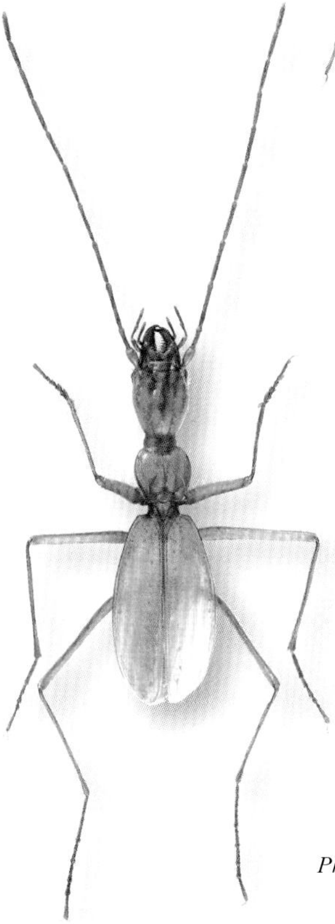

布雷希盲步甲
Pheggomisetes buresi
步行蟲科
保加利亞

×5.2

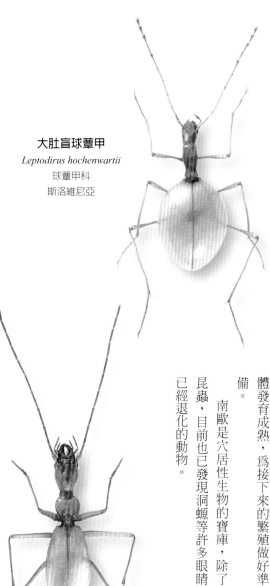

Pleasing Fungus Beetles

微暗叢林的警告

大蕈蟲（大蕈蟲科）

以南美爲大本營的大蕈蟲科，成員大多具備鮮豔的體色和花紋。牠們會散發獨特的氣味，目的可能是爲了警告捕食者：我很難吃。正如其名，不論幼蟲或成蟲都以蕈菇類爲食。成蟲爲了尋找蕈菇會到處飛來飛去，不過多半時間都停留在葉片上靜止不動。

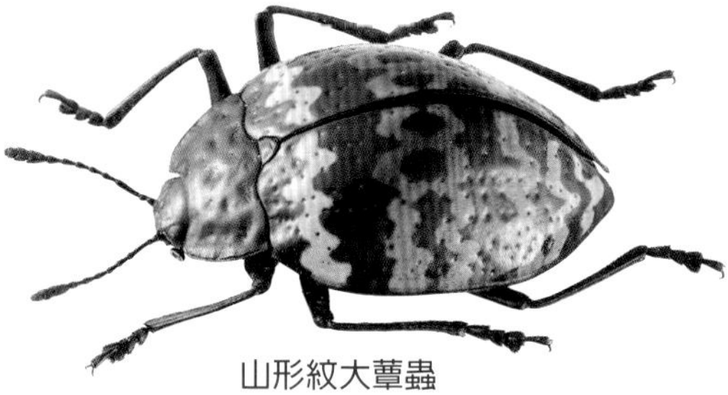

山形紋大蕈蟲
Erotylus cf.*voeti*
祕魯

鲜红的模樣看
起來毒性很強

面具大蕈蟲
Erotylus sp.
巴西

實際大小

放射紋大蕈蟲
Erotylus mirabilis
巴西

黑底搭配紅色或黃色的紋路，是警告色的基本組合。這樣的放射狀紋路看起來很顯目，或許能發揮更有效的警告效果。

×3.8

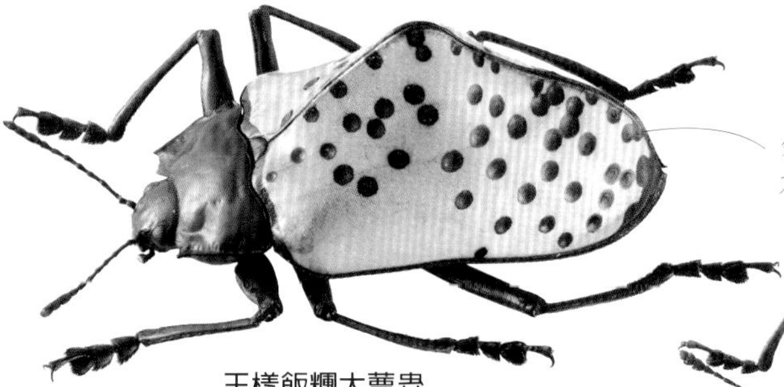

外形有一股說
不上來的可愛

王樣飯糰大蕈蟲

Gibbifer maximus

這些體色偏白的成員，活著時的體色看起來鮮豔、有毒，呈水藍色或紫色不等。

圓形飯糰大蕈蟲

Gibbifer cf. *impressopunctatus*

祕魯

紅線大蕈蟲

Erotylus sp.

祕魯

形狀好像一座
小山

御飯糰大蕈蟲

Gibbifer cf. *gibbosus*

祕魯

三角飯糰大蕈蟲

Gibbifer tigrinus

祕魯

大蕈擬步行蟲

Cuphotes cf. *formosus*

擬步行蟲科

祕魯

牠也是擬步行蟲科的一員。擬態的對象是左上的御飯糰大蕈蟲。

×2.3

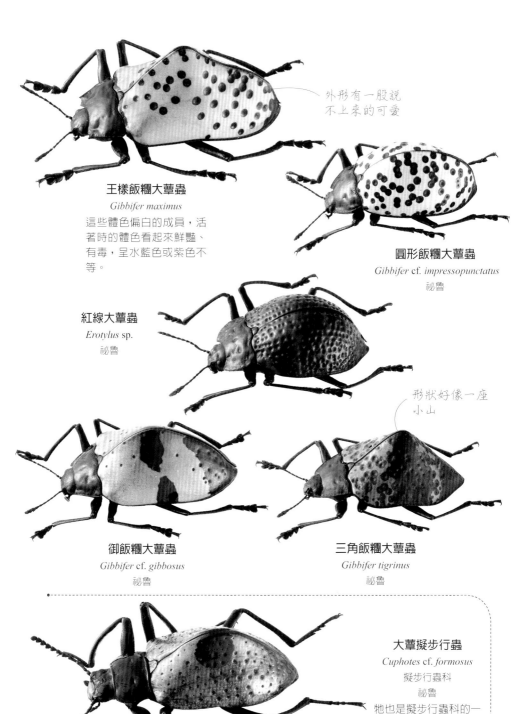

滑行於水面的高速移動

Whirligig Beetles

豉甲蟲（豉甲科）

有些昆蟲像騎著摩托車一樣，在池塘和河川的水面高速移動，那些昆蟲就是豉甲蟲。牠們平常移動速度並不快，唯有人類或天敵靠近而受到驚嚇時，才會加快移動速度。把掉落在水面的蟲子吃掉是牠們的絕活；爲了偵測來自水中和空中的外敵，牠們具備兩對複眼。

豉甲蟲

Gyrinus japonicus

日本

包含本種在内，日本全國的豉甲蟲正急速減少，有許多種類都被列為瀕危物種。

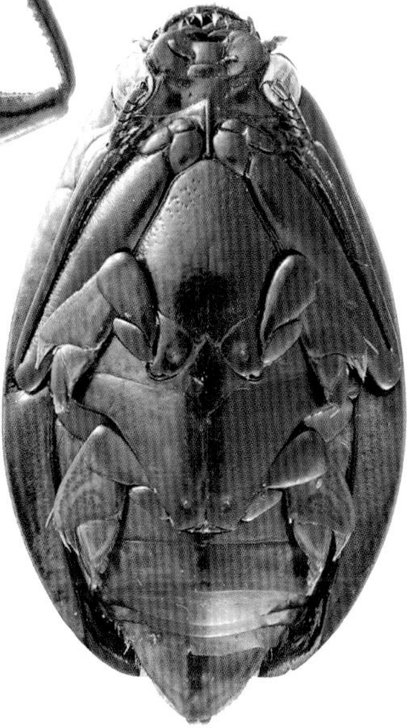

精緻的粗直紋

王樣豉甲蟲

Dineutus macrochirus

巴布亞紐幾内亞

一被捉到，腳和觸角立刻俐落的收進身體溝槽，裝死。

非洲豉甲蟲

Orectogyrus sp.

喀麥隆

腳尖的形狀可
發揮槳的功能

泰國豉甲蟲

Patrus sp.

泰國

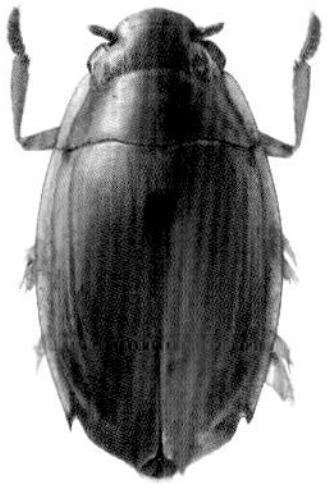

大豉甲蟲

Dineutus orientalis

日本

棲息在有水流動的溪流。豉甲蟲等水生昆蟲分為棲息在有水流動的河川，和棲息在池塘等靜水域。前者屬於流水性，後者屬於止水性。

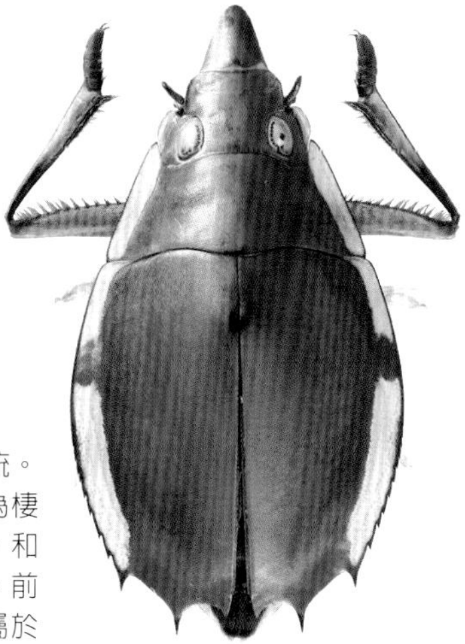

尖頭黃邊豉甲蟲

Porrorhynchus marginatus

馬來西亞（婆羅洲）

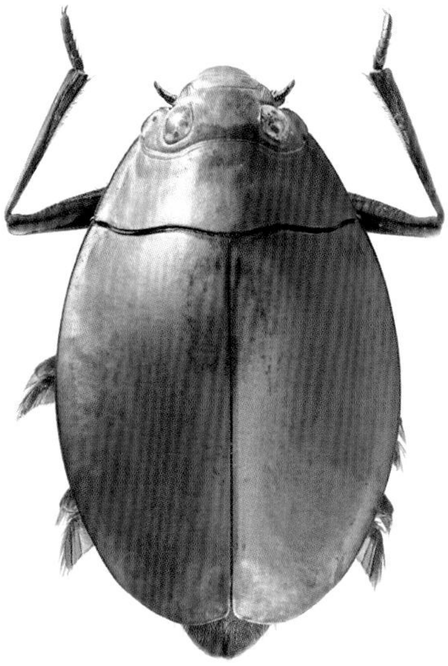

馬來亞大豉甲蟲

Dineutus sp.

馬來西亞（婆羅洲）

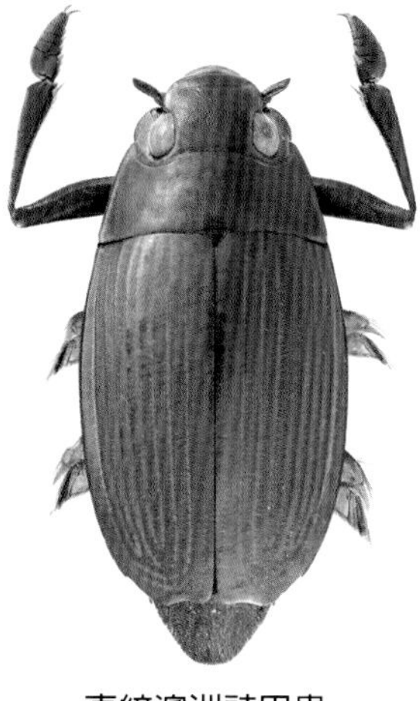

直紋澳洲豉甲蟲

Macrogyrus oblongus

澳洲

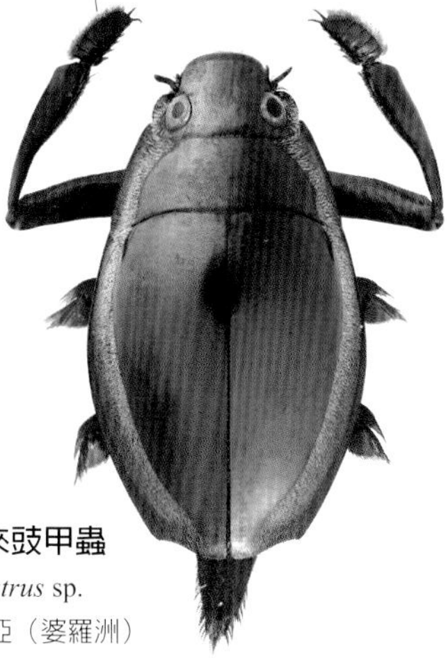
用這些剛毛緊
緊抓住她

馬來豉甲蟲

Patrus sp.

馬來西亞（婆羅洲）

×3.5

Monkey Beetles

戰場在花上

長腳金龜（金龜子科）

長腳金龜的雄蟲，擁有相當發達的巨大後腳。爲了爭奪雌蟲，雄蟲們很懂得利用後腳，像摔角選手般在花叢上進行戰鬥。棲息在非洲的長腳金龜雄蟲，爲了戰鬥，已經特化成與衆不同的後腳。

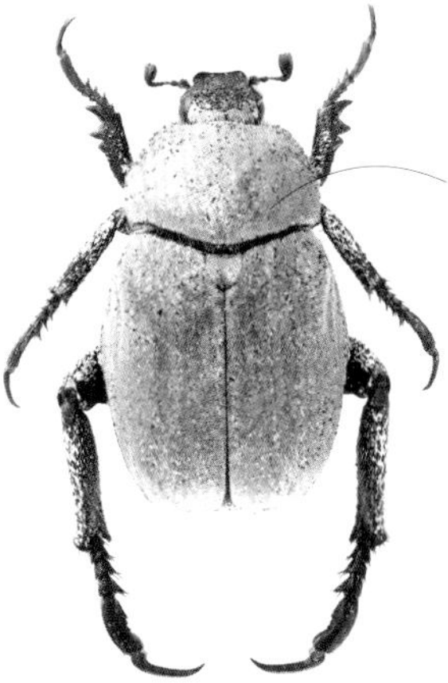

來自法國的漂亮甲蟲

珍珠長腳金龜

Hoplia coerulea

法國

初春時節聚集在花朵等植物上，在牠們的棲息地很常見。

鍬形猴金龜

Pachycnema corepurporea

南非

縱紋長腳金龜

Denticnema striata

南非

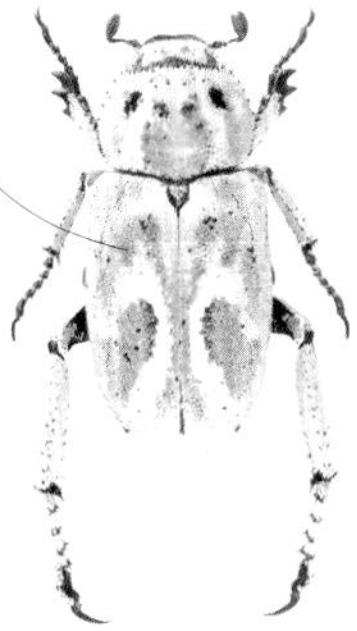

全身覆蓋著有如金箔或銀箔般的毛

黃金長腳金龜

Hoplia aurata

馬來西亞（婆羅洲）

在錐栗和青剛櫟高處的花朵上，有時候可看到數量衆多的個體。

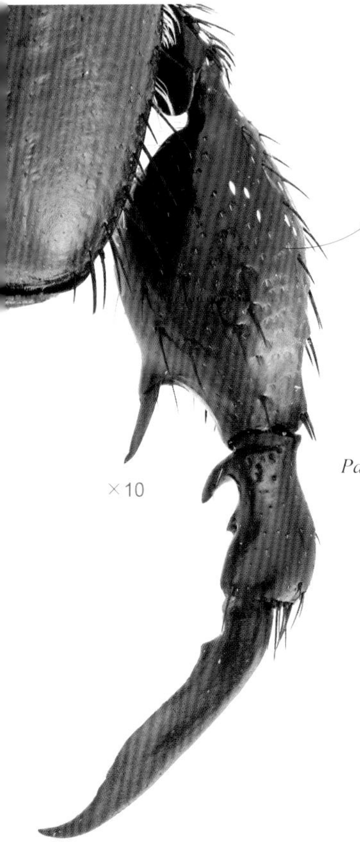

×10

後腳特徵是前跗
節有個巨大的爪

實際大小

蟹腳猴金龜

Pachycnemida calcarata

南非

禮服長腳金龜

Hoplia sp.

馬來西亞

鬼怪長腳金龜

Hopliini gen. sp.

肯亞

相較於非常長的胸部，腹部顯得異常的短，所以後腳位於極低的位置。

黑星猴金龜

Pachycnema cf. *melanospila*

南非

紅粗腿長腳金龜

Macroplia dekindti

坦尚尼亞

×3.7

Gymnetis Fruit Chafers

「絲絨」的小宇宙

菱胸花金龜（金龜子科）

花金龜散發的印象就像沉穩厚重的大理石。造型雖然平凡無奇，但體色和紋路卻相當繁複，有一股難以形容的魅力。身體表面覆蓋著一層霧面薄毛，閃爍著柔和的光彩，是一群會讓人聯想起各種繪畫與美術作品的甲蟲。

暗橘菱胸花金龜
Gymnetis bajula wollastonii
墨西哥

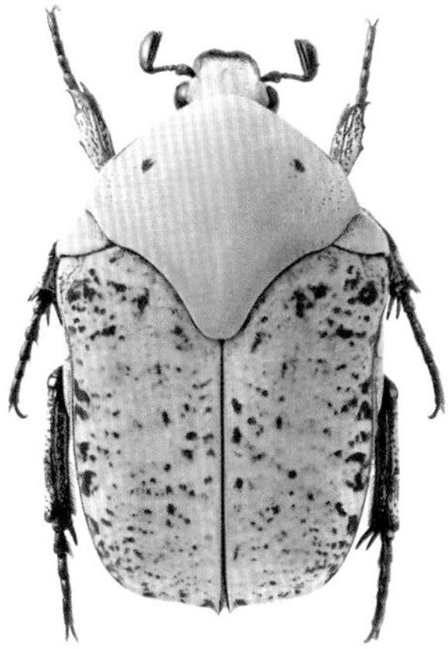

淺色菱胸花金龜
Gymnetis lanius
牙買加

大三角菱胸花金龜
Gymnetis holosericea
巴西
其學名的意思是「全身都是絲綢」。

月光下的潟湖，看起來大概就是這個模樣吧

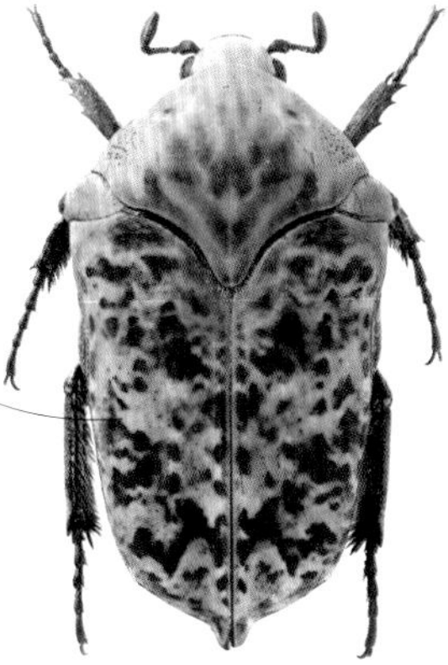

青靄菱胸花金龜
Gymnetis pardalis
祕魯

细緻的滾邊模樣

火焰棘菱胸花金龜

Hoplopyga marginesignata

祕魯

和 *Gymnetis* 是近緣的另外一屬。

墨染菱胸花金龜

Gymnetis chalcipes

祕魯

太陽菱胸花金龜

Gymnetis cupriventris kerremansi

巴拿馬

這個物種和日本的日本騷金龜等甲蟲一樣，都會聚集在有樹液和腐爛水果的地方。

看起來像符咒，
大膽奔放的圖案

放射菱胸花金龜

Gymnetis stellata

墨西哥

實際大小

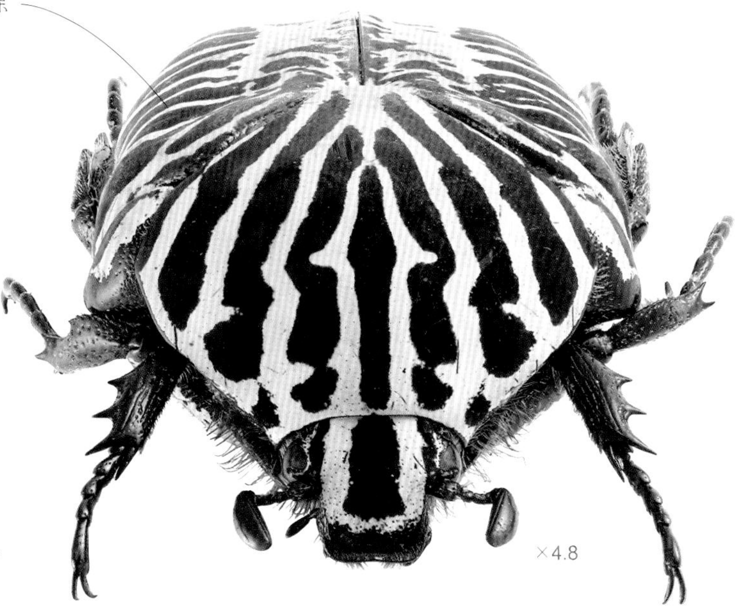

×4.8

學名的意思是「星星」。

×2.2

Bolboceratid Dor Beetles

可愛的身體頂著尖銳的角

厚角金龜（厚角金龜科）

這個族群以生長在地下深處的菇類爲食，要看到牠們的身影是難上加難，偶爾會看到牠們正在飛行，或者朝著有光線的地方聚集。牠們的體型渾圓可愛，卻很不搭地長了一副很氣派的大角。

×4.5

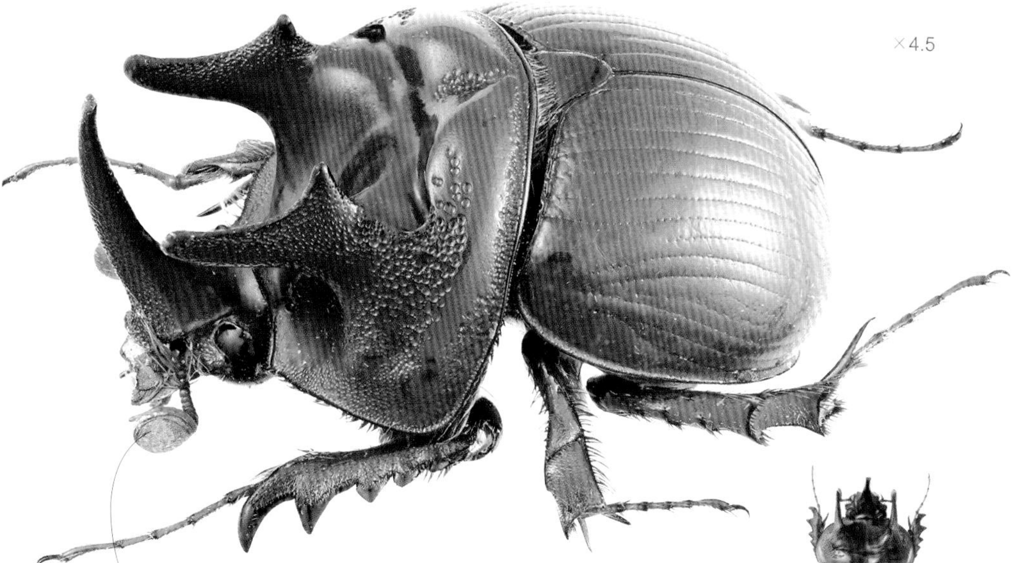

圓盤型的觸角

卡比厚角金龜

Blackburnium kirbyi

澳洲

實際大小

棘角南美厚角金龜

Athyreus tridens

巴拉圭

本類群在南美的熱帶雨林很多樣，有各式各樣的種類，大小不一。

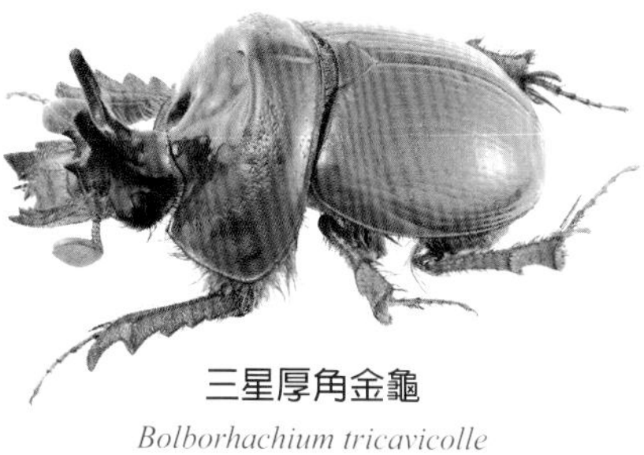

三星厚角金龜

Bolborhachium tricavicolle

澳洲

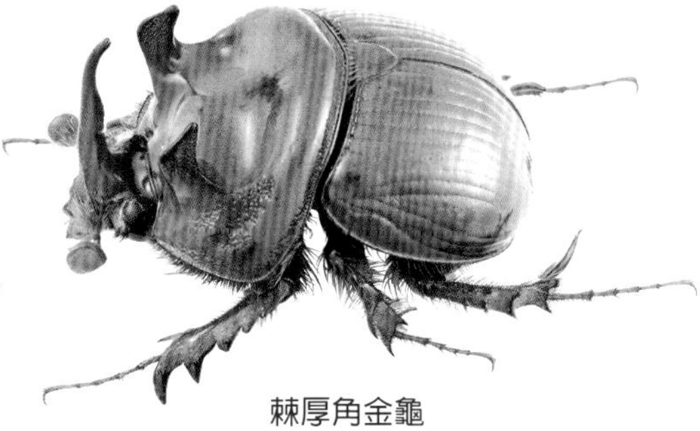

棘厚角金龜

Blackburnium angulicorne

澳洲

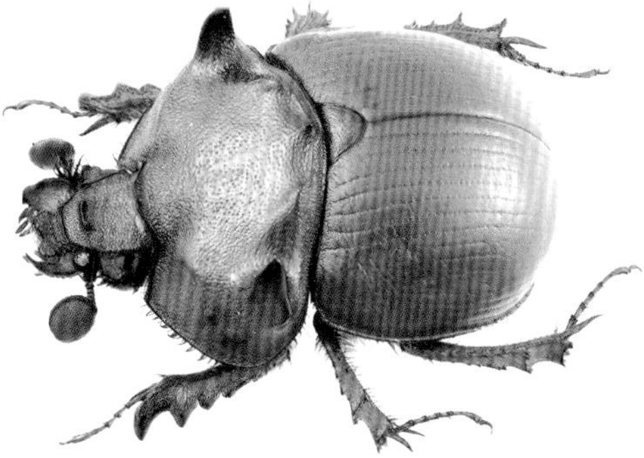

疏林草原厚角金龜

Bolbaffer sp.

馬拉威

棲息在非洲的疏林草原。
日落後會在燈火處現身。

刺瘤南美厚角金龜

Athyreus tuberifer

巴拉圭

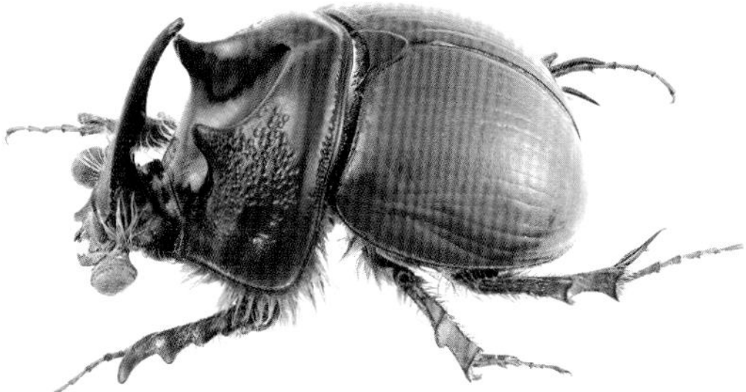

雷氏厚角金龜

Blackburnium reichei

澳洲

本種每次只產下一顆超過身體一半重量的卵。幼蟲完全不會動也不進食，待在原地化蛹，直到長為成蟲。這種奇特的生態可能是基於當地環境是食物匱乏的沙漠，幼蟲不易覓食所演化而來。

象鼻厚角金龜

Elephastomus gellarus

澳洲

×2.3

以往被視為太陽神的甲蟲

Dung-Rolling Scarab Beetles

糞金龜（金龜子科）

以動物糞便爲食的金龜子被稱爲食糞蟲，其中有些把糞滾成球狀以方便運送的種類稱爲滾糞蟲。古埃及把這些糞球看作太陽的象徵，將滾糞金龜視爲太陽神凱布利的化身。只要是金龜子科的甲蟲，不論棲息在世界何處，在演化過程中，行爲都會變得類似。

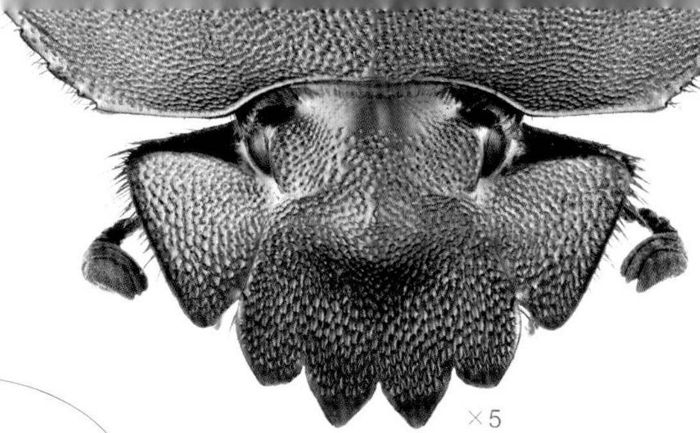

×5

為什麼吃了那麼可怕的東西，竟可以長得如此美麗

絢爛糞金龜

Kheper festivus

尚比亞

和其他糞金龜一樣，都具備把糞便運送到地中巢穴儲存的習性。雄蟲和雌蟲會一起滾糞，把糞便滾成糞球，讓雌蟲在裡面產卵，糞球就成為幼蟲成長的營養來源。有時候也會用動物的屍體取代糞便。

銅色糞金龜

Kheper aegyptiorum

肯亞

隆背糞金龜

Deltochilum sp.

巴西

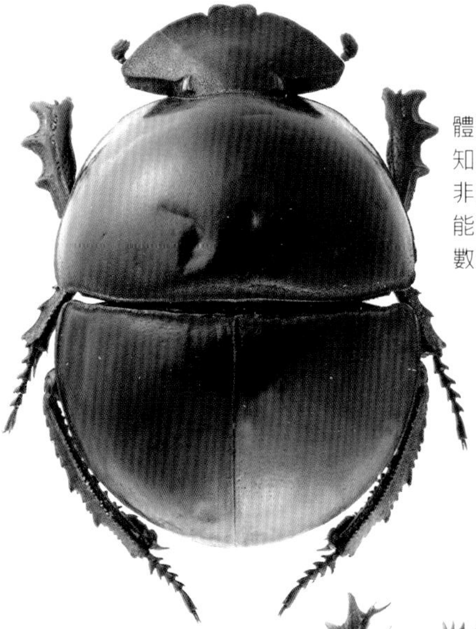

乒乓糞金龜

Circellium bacchus

南非

體型幾乎呈半圓形，但不知用意為何。只棲息在南非的某些地區，沒有飛行能力。據說因環境惡化其數量持續減少。

蛛形糞金龜

Eucranium simplicifrons

阿根廷

澳洲糞金龜

Aulacopris maximus

澳洲

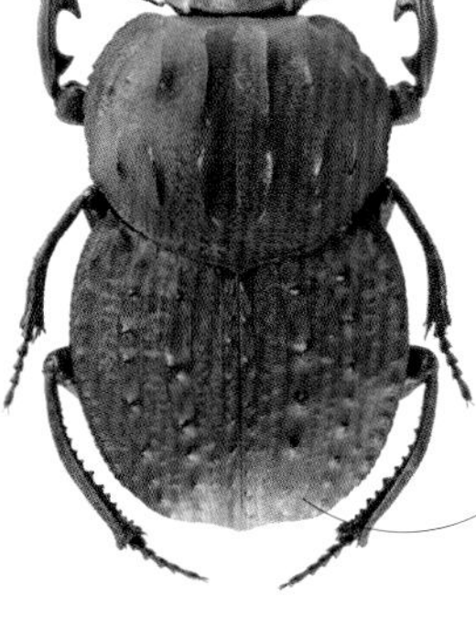

紅腳無翅糞金龜

Pachysoma rodriguesi

納米比亞

具備在沙漠挖巢穴的習性。只要一發現動物的糞便，就用前腳抱住，以極快的速度往後退，將糞便運回巢穴。

紅紋糞金龜

Drepanopodus proximus

南非

×1.7

連人心也受到迷惑

Iridescent Beetles

虹彩色的甲蟲

日文用「玉蟲色」來表現曖昧不明的情況，就像吉丁蟲的體色，隨著觀看的角度而改變。至於日本的吉丁蟲，則是閃耀著紅色和綠色光澤。世界各地也有相同色調的甲蟲，想必牠們美麗的姿態也讓許多人爲之著迷。

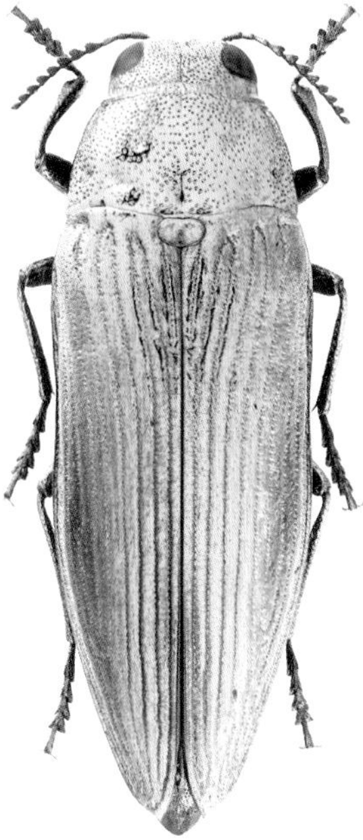

青蝦夷吉丁蟲

Eurythyrea eoa

吉丁蟲科

俄羅斯

根據以往的紀錄，本種也曾出現在北海道，但現在已成為很長一段時間都不曾被人發現的夢幻甲蟲。近年來有不少採集者都加入挑戰尋找本種的行列，但至今無人能如願以償。

金綠麗金龜

Microrutela viridiaurata

金龜子科

哥斯大黎加

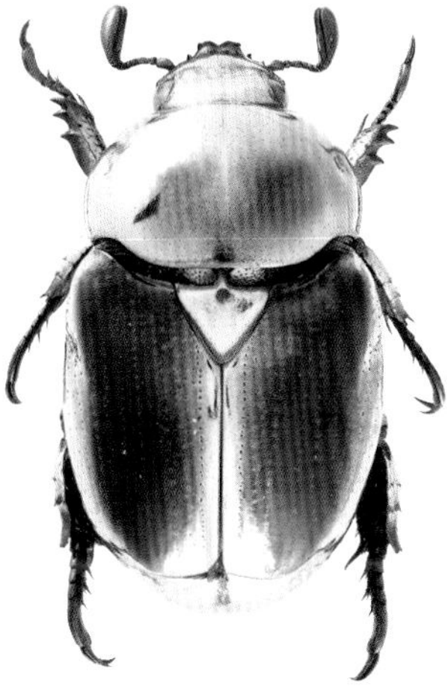

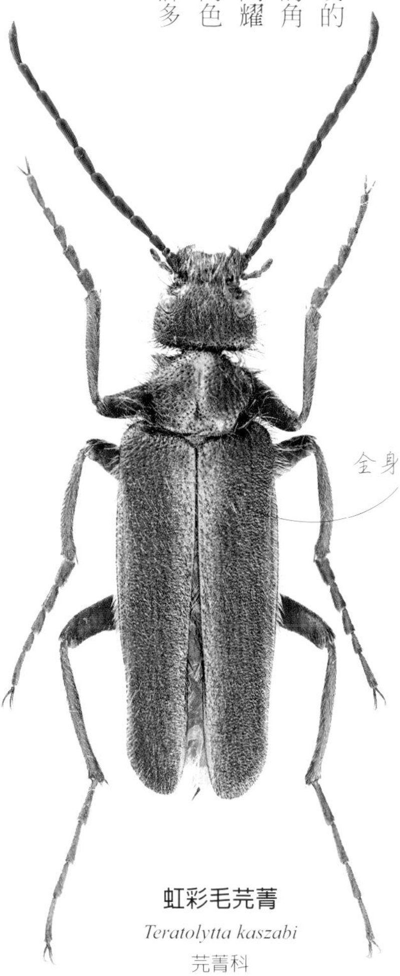

虹彩毛芫菁

Teratolytta kaszabi

芫菁科

塔吉克

帶有低調沉穩
的美感

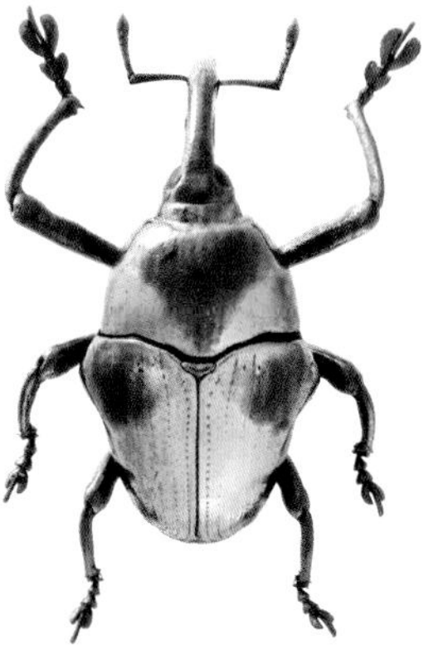

寶石姬象鼻蟲（彩繪象鼻蟲）

Eurhinus magnificus

象鼻蟲科

墨西哥

體型小歸小，卻是熱帶美洲最
具代表性之一的美麗象鼻蟲。

四棘智利天牛

Oxypeltus quadrispinosus

盾天牛科

智利

腳尖也要美美
的，馬虎不得

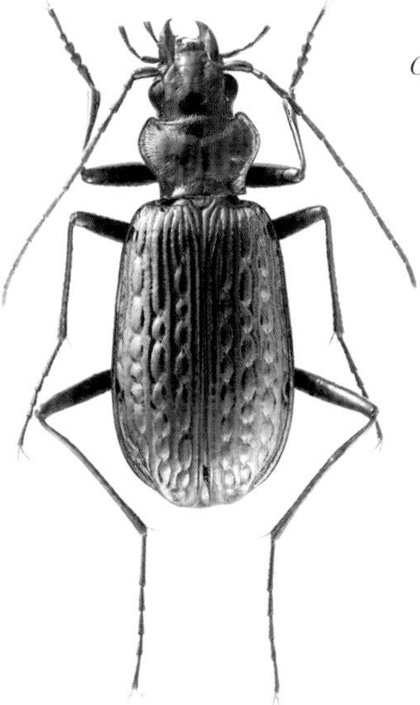

彩虹大穀盜蟲

Temnoscheila splendida

穀盜蟲科

法屬圭亞那

會捕食其他的昆蟲。

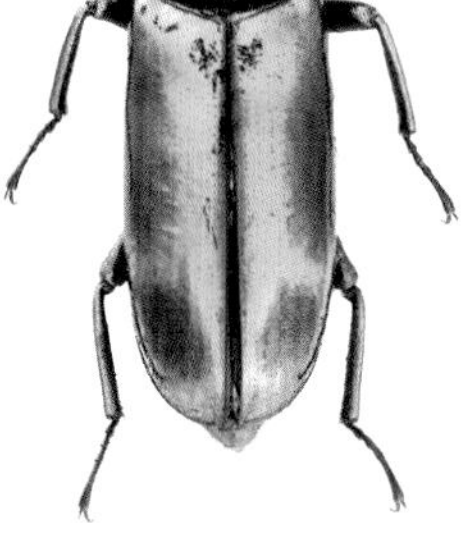

彩虹圓頸步行蟲

Nebria banksii

步行蟲科

俄羅斯

澳洲棘葉甲

Spilopyra semiramis

葉甲科

巴布亞紐幾內亞

×4.2

白底瘤擬步行蟲
Zopherus nodulosus haldemani
美國
這兩頁的昆蟲全都屬於瘤擬步行蟲科

column

活生生的珠寶
Zopherine Beetles-Living Accessories

瘤擬步行蟲科是一群外形粗曠，身體非常堅硬的甲蟲。牠們以生長在枯木表面的菌類爲主食，長爲成蟲後，壽命可維持很長的時間。其中値得一提的是，棲息在美洲大陸的族群沒有飛行能力，特徵是體型呈日本古墳中的「前方後圓」墳形，帶具有辨識度的斑紋。巨大的體型搭配又短又粗的觸角，宛如特效電影的怪獸。

墨西哥某些地區，以閃亮的珠子和金色鍊條裝飾活體的白瘤擬步行蟲，將之製作爲精美飾品，稱之爲「活

斑紋瘤擬步行蟲
Zopherus nodulosus
墨西哥

波紋瘤擬步行蟲
Zopherus cf. *jourdani*
墨西哥

珠寶」。以這種名爲「Maquech」的甲蟲製作成珠寶的文化被視爲馬雅文明世代相傳的遺風，據說是愛的護身符，也是長壽的象徵。

將吉丁蟲的翅鞘和獨角仙的犄角等美麗昆蟲的身體局部當作護身符的文化，在許多地區都看得到。不過，本文的主角Maquech，則是把體色爲白色，身體凹凸不多的白瘤擬步行蟲當作活生生的「畫布」，加以裝飾。Maquech之所以被製作爲裝飾品，原因可能是它符合了所有所需條件。一來牠沒有飛行能力，再加上動作緩慢，而且存活時間很長。仔細想想，這的確是很殘忍的行爲，但就觀察世界文化的角度而言，確實是相當有趣的文化。

白瘤擬步行蟲
Zopherus chilensis
墨西哥

澳洲瘤擬步行蟲
Zopherosis georgei
澳洲

×2

身披紅色的斗篷

Net-Winged Beetles

紅螢（紅螢科）

×15.4

紅螢是近似螢火蟲的甲蟲，但不會發光。正如其名，此種甲蟲的身體爲紅色，尤其是棲息在非洲和美洲熱帶地區的種類，長著宛如一件大斗篷的翅鞘，飄逸地振翅飛行。身體帶有毒性，而斗篷之所以呈紅色，也是爲了警告外敵「我有毒」。

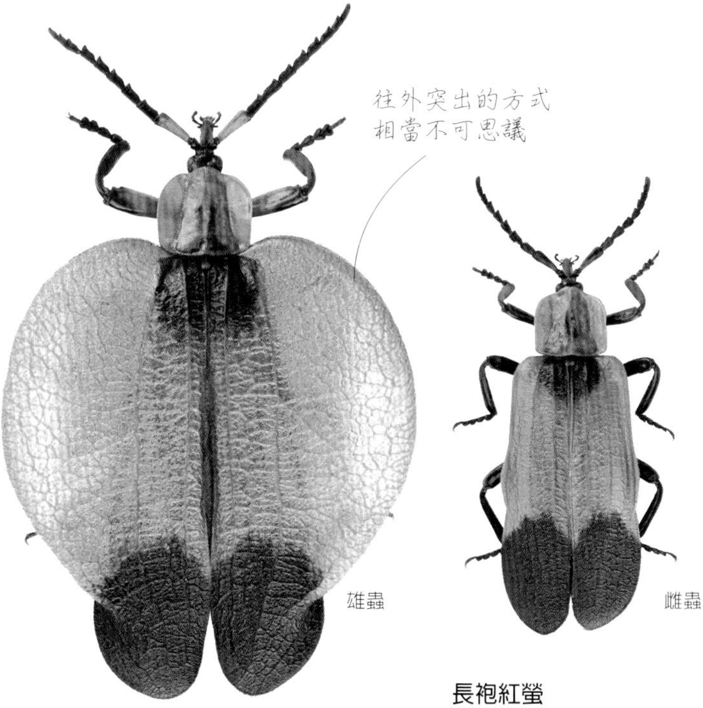

長袍紅螢

Lycus trabeatus

肯亞

雄蟲的翅鞘比雌蟲大。雄蟲為了尋找雌蟲，常常到處飛來飛去，因此牠們很容易被天敵發現。或許和雌蟲相比，雄蟲必須以更誇張的方式表示自己具有毒性。

炎長吻紅螢

Lycus flammatus

衣索比亞

美洲黑緣長吻紅螢

Charactus terminatus

墨西哥

連棲息在美洲熱帶的成員，外貌都與非洲的種類如此相似。

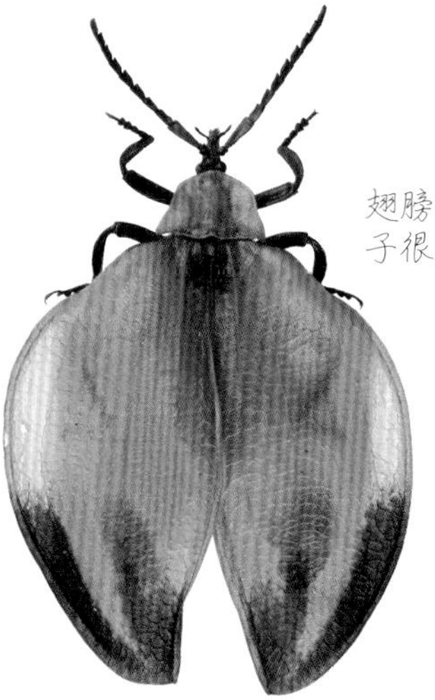

枯葉長吻紅螢

Lycus foliaceus

衣索比亞

翅膀展開的樣子很有氣勢

廣腹長吻紅螢

Lycus latissimus

喀麥隆

擬紅螢天牛

Amphidesmus theorini

天牛科

喀麥隆

雖然在世界各地都看得到擬態為紅螢的天牛，但本種實在擬態得維妙維肖。

秀麗長吻紅螢

Lycus elegans

喀麥隆

縱紋長吻紅螢

Lycus aspidatus

喀麥隆

這個屬以非洲為主要棲息地。

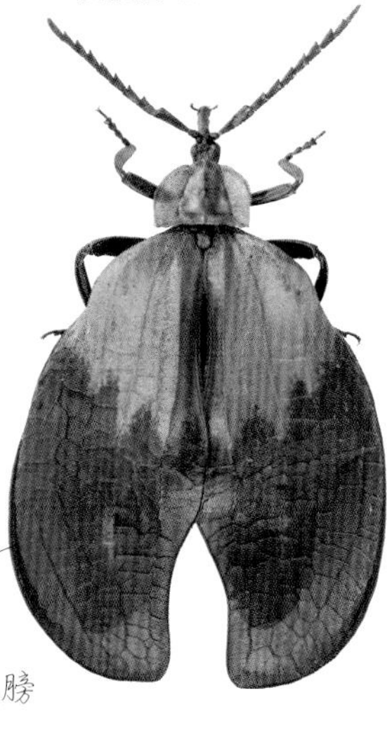
局部隆起的翅膀

×2.2

Aphodiine Scarab Beetles

不是只有在馬糞才找得到

蜉金龜（金龜子科）

這個族群確實有某些成員以馬糞和其他動物的糞便為食，不過每一種的居住環境各有不同，例如有些在沙灘，有些在土中，其外貌也因生活方式而各不相同。其中最特殊的是寄生在白蟻窩，而且外形的傾向也會隨著與白蟻的關係親密度而異。

長腳白蟻蜉金龜
Paracorythoderus sp.
納米比亞

有一個方便讓白蟻銜著走的突起物

葫蘆白蟻蜉金龜
Eocorythoderus incredibilis
柬埔寨
由丸山發表的新屬新種。平常寄生在白蟻窩，當巢穴遭遇危險，就讓白蟻把自己移走。

奈洛比盲白蟻蜉金龜
Termitotrox vanbruggeni
肯亞
棲息在白蟻巢。

為適應地中生活，已經演化出類似鼴鼠的外形

筒形蜉金龜
Chiron volvulus
尚比亞

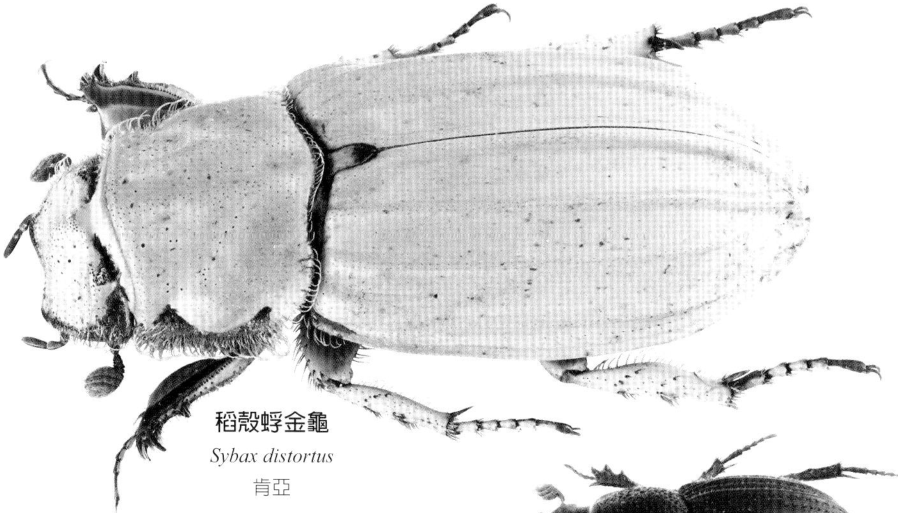

稻殼蜉金龜

Sybax distortus

肯亞

上野圓蜉金龜

Mozartius uenoi

日本

冬天在鼠類的巢穴活動。

緣翅蜉金龜

Lomanoxia canthonopsis

哥斯大黎加

棲息在切葉蟻的巢穴。

偽背圓芥子蜉金龜

Psammodius maruyamai

日本

以丸山的名字所命名。

市岡蜉金龜

Pterobius itiokai

馬來西亞（婆羅洲）

棲息在 50 公尺以上高度的樹木上、與螞蟻共生的羊齒植物。是丸山發表的新屬新種。

由丸山發表的新屬新種，為相當少見的物種。

犀角稜蜉金龜

Rhinocerotopsis nakasei

馬來西亞

×14

長到過分又奇怪的形狀

Straight-snouted Weevils

三錐象鼻蟲（三錐象鼻蟲科）

三錐象鼻蟲是原始的象鼻蟲，身體細長、形狀奇異的種類很多。正如三錐之名，雌蟲的口器像錐子一樣尖銳，以便在枯木鑽洞，並在洞裡產卵。每一物種的口器各不相同，有些種類的翅鞘前端有角狀突起，有些則是呈鋸子狀，再搭配細長的體型，更顯得獨一無二。

細腰三錐象鼻蟲
Bulbogaser ctenostomoides
斐濟

扁三錐象鼻蟲
Prophthalmus planipennis
印尼（蘇拉威島）
雄蟲的大顎既大又發達。

細荒地三錐象鼻蟲
Episus sp.
坦尚尼亞

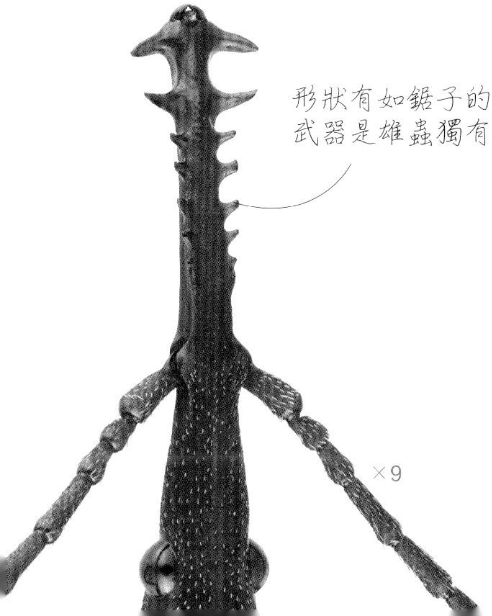

鋸三錐象鼻蟲
Stratiorrhina sp.
印尼（蘇拉威島）

全身長滿像鱗片一樣的毛

鱗片三錐象鼻蟲

Pholidochlamys madagascariensis

馬達加斯加

本屬和在美國很多樣的 *Urocerus* 屬非常相似。

尾長三錐象鼻蟲

Ceocephalus forcipatus

馬來西亞（婆羅洲）

前翅末端的長長突起是雄蟲獨有。目的可能是用於戰鬥。

兩側點綴著綠色光澤，好美啊

金邊縫針三錐象鼻蟲

Rugosacratus eximius

祕魯

十條三錐象鼻蟲

Ectocemus decemmaculatus

巴布亞紐幾內亞

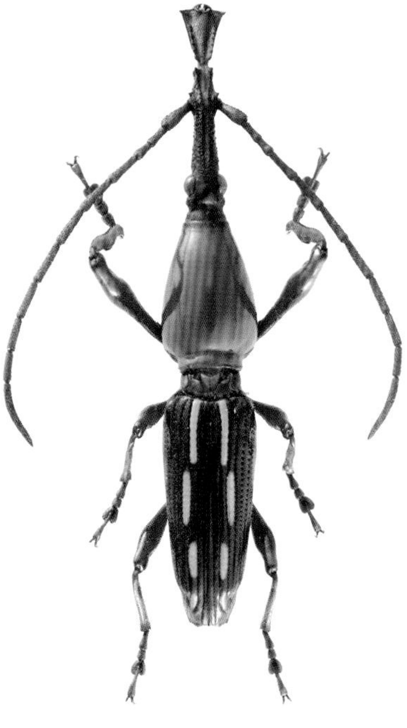

剛果三錐象鼻蟲

Bolbocranius csikii

剛果

長腳三錐象鼻蟲

Calodromus sp.

馬來西亞（婆羅洲）

獵捕小蠹蟲為食。後腳長度很長，甚至超越身體。

×2.7

沙漠中勇猛健壯的獵食者

Saber-Toothed Ground Beetles

劍齒步甲（步行蟲科）

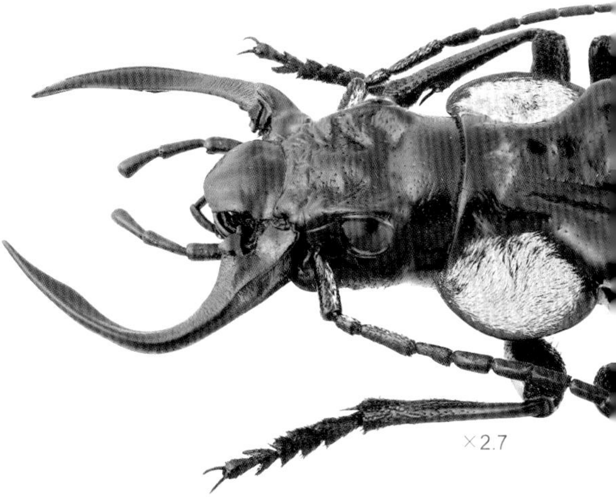

滾邊劍齒步甲

Anthia cinctipennis

納米比亞

雙斑劍齒步甲

Anthia thoracica

納米比亞

體型如此巨大氣派的個體實屬難得一見。

步行蟲是一種行走於地面，獵捕其他蟲子爲食的甲蟲。非洲南部倒是有這些劍齒步甲在地面活動，過著和步行蟲一樣的生活。牠們的特徵包括巨大的牙和形狀特異的胸部，外表威風的程度相當於鍬形蟲和步行蟲的合體，看起來威風凜凜，氣勢十足。

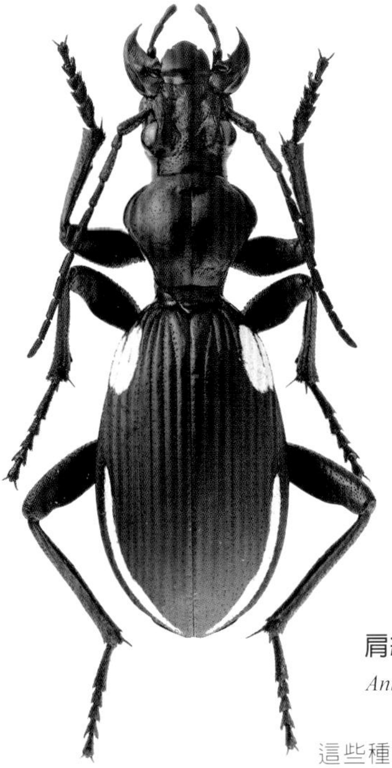

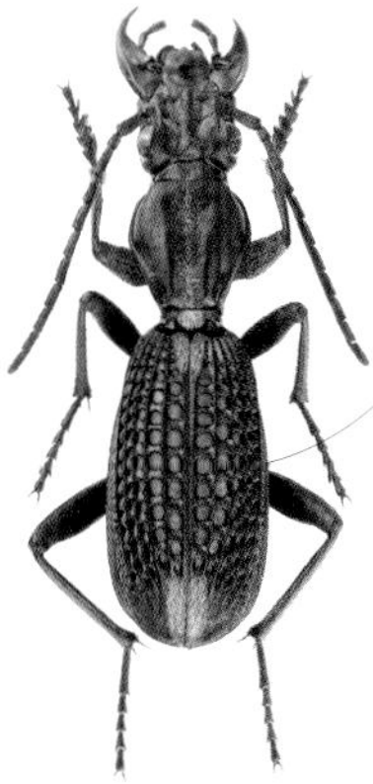

開洞食肉步甲

Cypholoba alveolata

辛巴威

這個屬有大小不一的種類，都棲息在非洲。

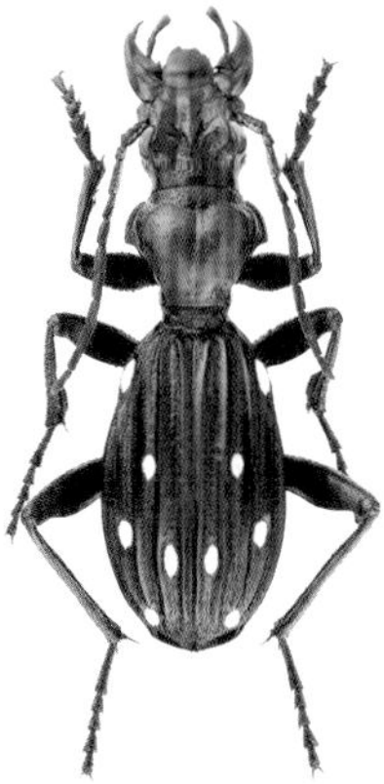

十星劍齒步甲

Anthia decemguttatum

南非

肩紋劍齒步甲

Anthia omoplata

納米比亞

這些種類都棲息在乾燥的疏林草原，雨後的活動力特別旺盛。

布氏劍齒步甲

Anthia burchelli

尚比亞

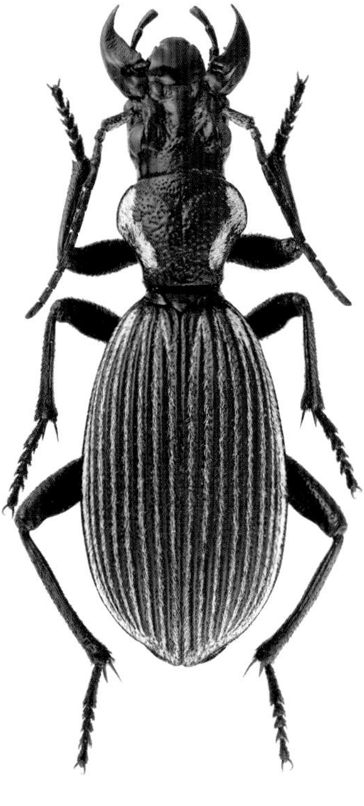

月紋劍齒步甲

Anthia lunae

南蘇丹

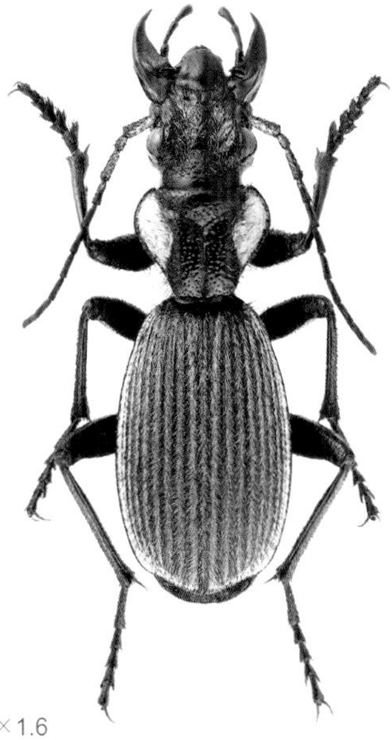

×1.6

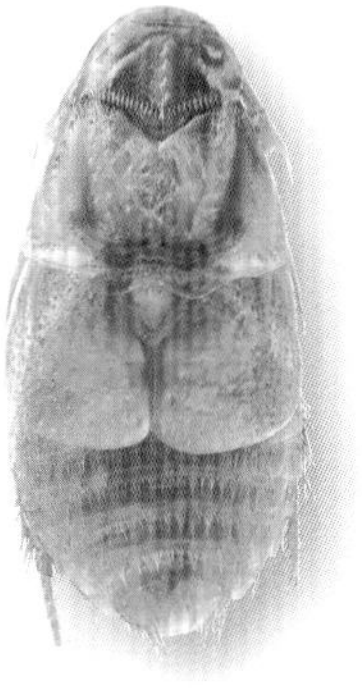

海狸寄生蟲
Platypsyllus castoris
球蕈甲科
烏克蘭

column

寄生於哺乳類的甲蟲

Mammalian Parasitic Beetles

在洞窟、螞蟻窩等特殊環境生活的甲蟲，每一種各有不同的姿態。不過，如果要舉出一個最匪夷所思的環境，應該是寄生在哺乳類動物的身體表面吧。

說到棲息在哺乳類身體表面的昆蟲，最具代表性的是和甲蟲八竿子打不著邊的蝨子和跳蚤。不過，甲蟲之中，也有些演化到可以在哺乳類表面生存的種類。以下為各位介紹其中兩種具代表性的物種。

正如海狸寄生蟲之名，牠是一種寄生在海狸身體表面，以其皮膚和體垢為食的甲蟲。其屬名的意思是「扁

鼠寄生隱翅蟲
Amblyopinus tiptoni
隱翅蟲科
哥斯大黎加

平的跳蚤」。如果仔細端詳牠的身體，不難發現其身體各處都和跳蚤非常相似。尤其是並列在頭部後面的刺，形狀和跳蚤如出一轍。理由可能和跳蚤一樣，都是爲了讓牠們穿梭在動物體毛之間時，可以減少頭部的摩擦。不過，相較於跳蚤的刺是左右扁平，這種甲蟲則是上下扁平。

海狸寄生蟲是球蕈甲科的成員，照理說球蕈甲科的棲息地是土中。可能是原本棲息在海狸窩附近土中的個體，入侵了海狸窩，逐漸演化成現在這樣的生態吧。

鼠寄生隱翅蟲的成員棲息在中美～南美，寄生在鼠類身上。因爲有時候會看到牠們啃咬鼠毛，所以以往一直認爲牠們會吸鼠血。不過根據近年的研究，已經得知牠們不會吸血，而是以其他寄生在鼠類身上的生物爲食。換言之，牠們對鼠類而言，可說是求知不得的寄生者。

事實上，牠們好像也會快速穿梭在鼠毛之間，但據說老鼠們好像不是很介意。

隱翅蟲科在本書已多次登場，不論在生態上還是形態上，奇特的種類不少，以表現甲蟲的多樣性而言，可說是相當具有代表性的一群。

總而言之，不論海狸寄生蟲還是鼠寄生蟲，兩者爲了不被特殊的棲息環境擊倒，最後都演化成非常奇特的姿態。

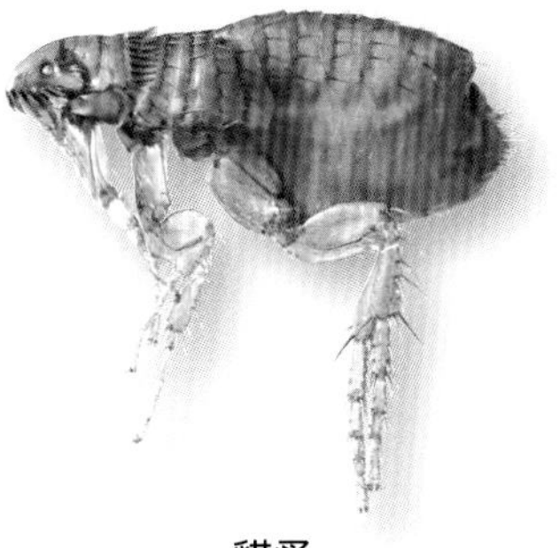

貓蚤
Ctenocephalides felis
蚤目蚤科
日本

×12

棲息於灼熱大地的石像

Desert Darkling Beetles

沙漠的擬步行蟲（擬步行蟲科）

看似空曠的沙漠，其實也有各式各樣的生物棲息。在所有的昆蟲中，就以這些甲蟲最適應沙漠的環境。牠們的身體內部被堅硬的外骨骼所包覆，體內儲存著大量油分，目的是防止身體乾燥。一樣是沙漠，有些只有沙，有些則是參雜了小石頭，所以每一種環境所棲息的種類各有不同。

圓盤擬步行蟲

Lepidochora eberlanzi

納米比亞

白天潛伏在沙堆裡，直到晚上才出來在沙漠各地出沒。早上在沙堆裡挖溝槽，目的是飲用附著在上面的露水。

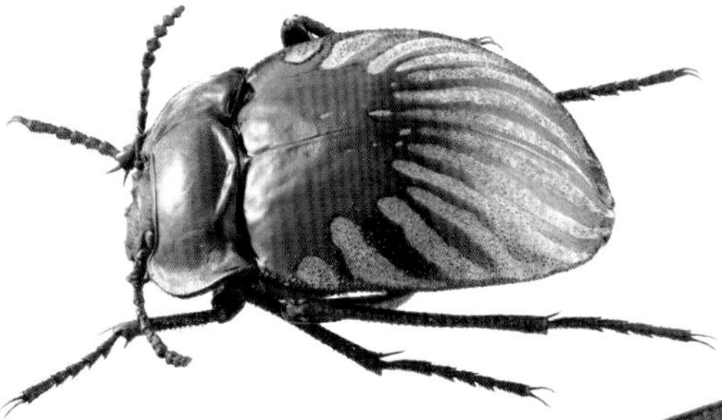

流紋智利擬步行蟲

Gyriosomus batesi

智利

盤擬步行蟲

Helea cf.*waitei*

澳洲

宛如瀏海的可愛短毛

實際大小

×5

瀏海擬步行蟲

Epiphysa arenicola

南非

等到太陽西下，牠們就會從石堆現身於沙漠。動作遲鈍。

象擬步行蟲

Anomalipus elephus

南非

紅線叩叩擬步行蟲

Psammodes sp.

南非

這個族群的雄蟲為了呼喚雌蟲，到了夜晚會用腹部拍打地面，發出叩叩的聲音。英文稱為「Tok Tokkie」。

雙色沙漠甲蟲

Onymacris langi meridionalis

納米比亞

美觀的程度媲美鍬形蟲

沙漠鍬形擬步行蟲

Calognathus chevrolati

納米比亞

冠座擬步行蟲

Vieta muscosa

肯亞

以這雙長腳奔馳在炎熱的沙漠

扁形沙漠甲蟲

Onymacris plana

納米比亞

×2

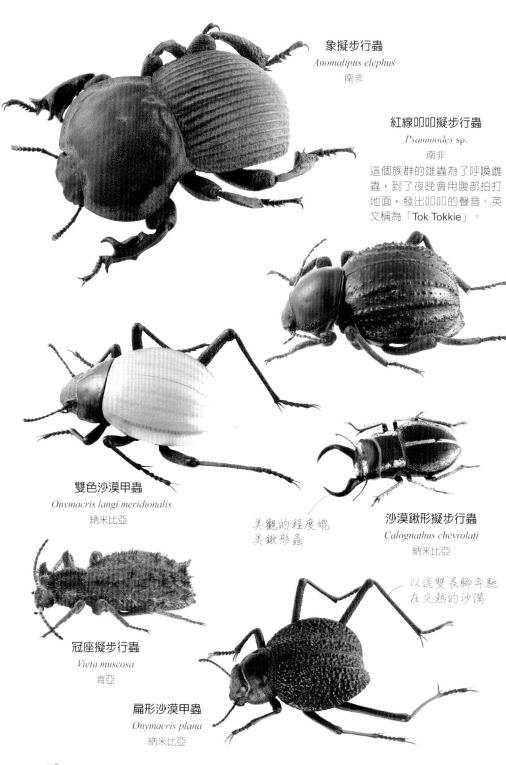

布滿網紋的紅色寶石

Rhysopaussine Darkling Beetles

棲息在白蟻窩的擬背條蟲（擬步行蟲科）

擬步行蟲不只分布在炎熱乾燥地區，也棲息在潮溼的森林、寒冷地區的草原等各式各樣環境。最奇特之處在於有一群擬背條蟲都寄生在白蟻窩，這些擬背條蟲的體型強壯堅硬，配上宛如細心刻製的網紋，看起來精美絕倫。不論是哪一種，採集難度都相當高，不易採得。

這兩頁的種類應該都棲息在由大白蟻栽培的「菌圃」，但生態大多不明。

蓬萊白蟻擬背條蟲
Ziaelas formosanus
台灣

胸線白蟻擬背條蟲
Azarelius sculpticollis
泰國

算盤擬背條蟲
Rhyzodina sp.
塞內加爾
要區分本種與他種的差異非常困難。

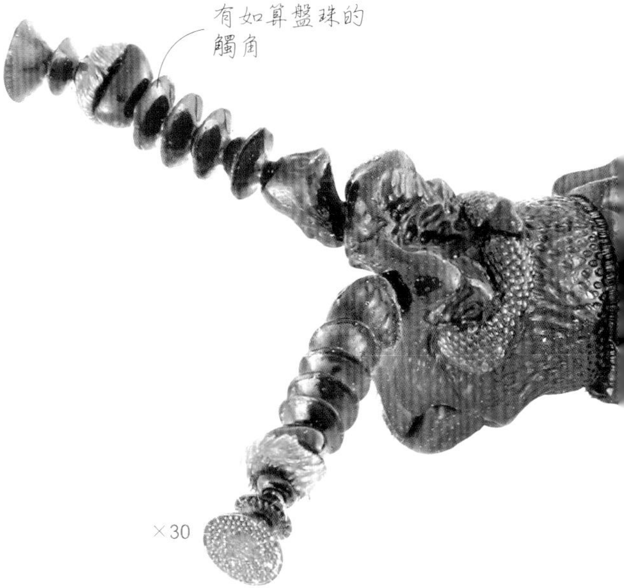

印度擬背條蟲
"Rhysopaussini"gen.sp.
印度
這也是首度向世界公開的印度產之未描述屬種。

柬埔寨擬背條蟲
Ziaelas sp.
柬埔寨

粗腿擬背條蟲
Insolitoplonyx sp.
印度
最近在印度發現的屬，也是尚未被描述過的種。

多氏擬背條蟲
Rhysopaussus dohertyi
馬來西亞

×7.7

行走的美麗葫蘆

Dorcadion Longhorn Beetles

瓢天牛（天牛科）

瓢天牛成員棲息在草原，分布範圍從歐洲到亞洲，特徵是無法飛行。和許多不具備飛行能力的昆蟲一樣，依棲息地分爲不同物種，但外形都一樣。然而具相同外形，圖案花紋卻各有不同這一點，讓許多收藏家心癢難耐，瓢天牛可說是全世界收藏家的心頭好。

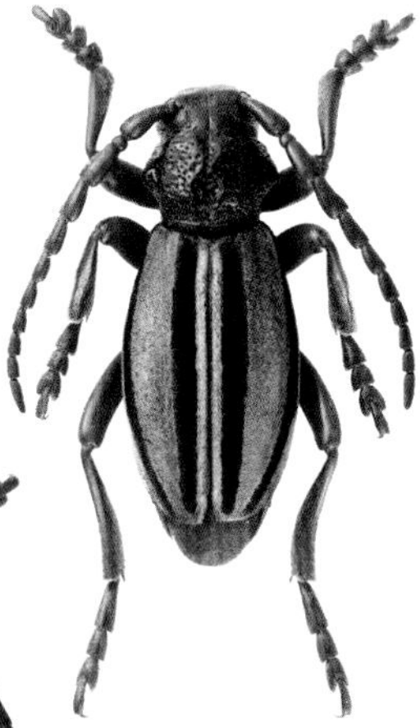

雙線瓢天牛

Dorcadion bistriaum

亞美尼亞

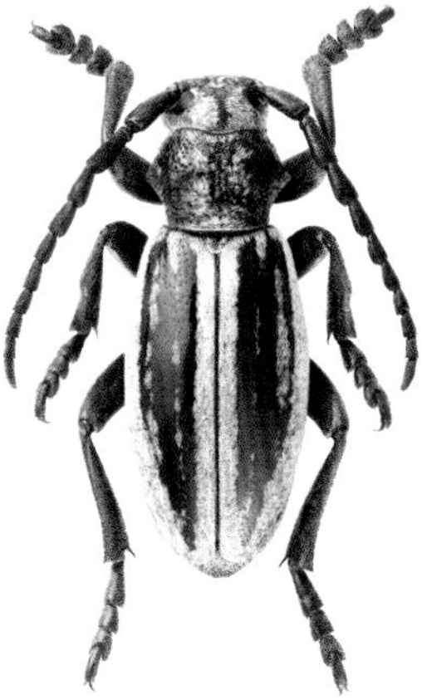

豔瓢天牛

Dorcadion nitidum

喬治亞共和國

培瑞茲瓢天牛

Iberodorcadion perezi

西班牙

此種的幼蟲以禾本植物根部為食，成蟲也攝食其葉。

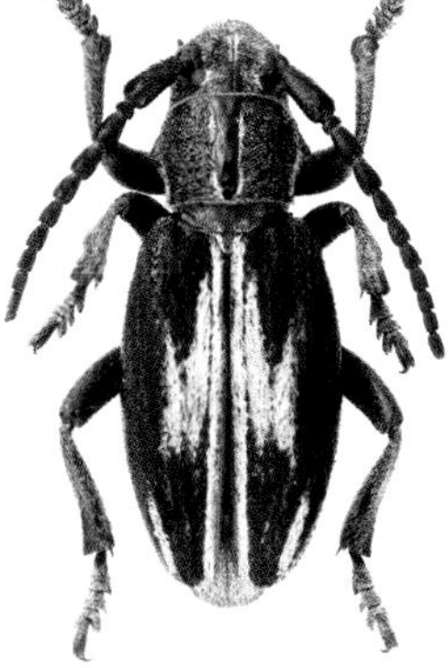

細緻的直紋感覺沉穩，充滿紳士風格

美麗瓢天牛

Dorcadion optatum

吉爾吉斯

以直紋為主調的沉穩模樣，可能是牠們為了混入禾本科植物時，避免被天敵發現的保護色，但是圖案不一的原因成謎。

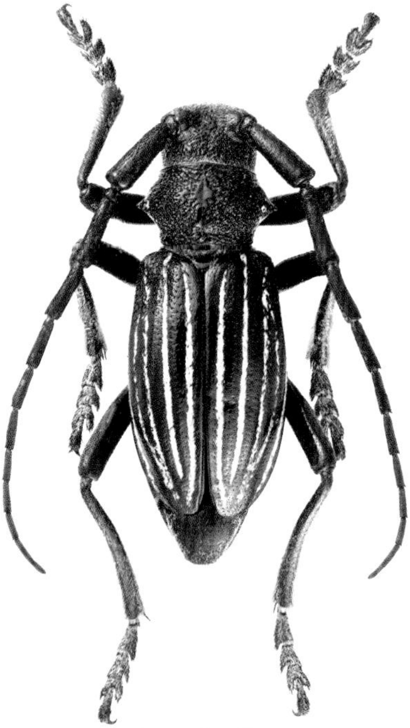

原野瓢天牛

Eodorcadion maurum

蒙古

瓢天牛一直以來都被分類為 *Dorcadion* 屬，但最近被分為 4 個屬。本屬棲息在蒙古和中國等處的草原地帶。

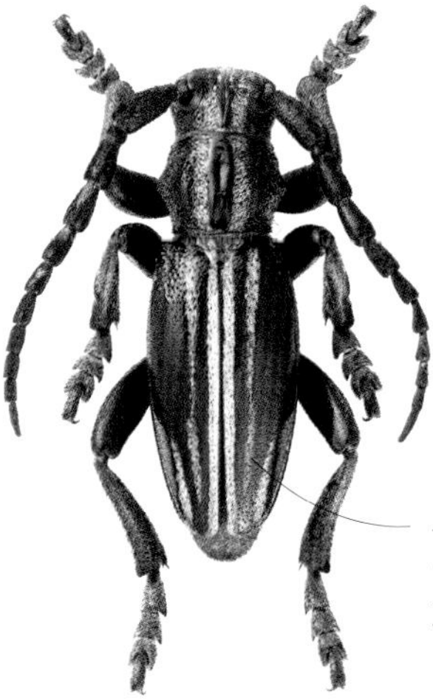

無法掩飾的高雅格調，充滿魅力

西班牙瓢天牛

Iberodorcadion hispanicum

西班牙

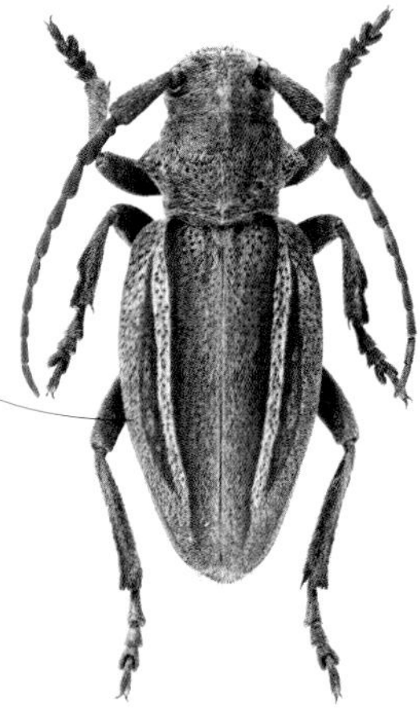

懷舊溫柔的低調色彩

淺茶瓢天牛

Neodorcadion bilineatum

希臘

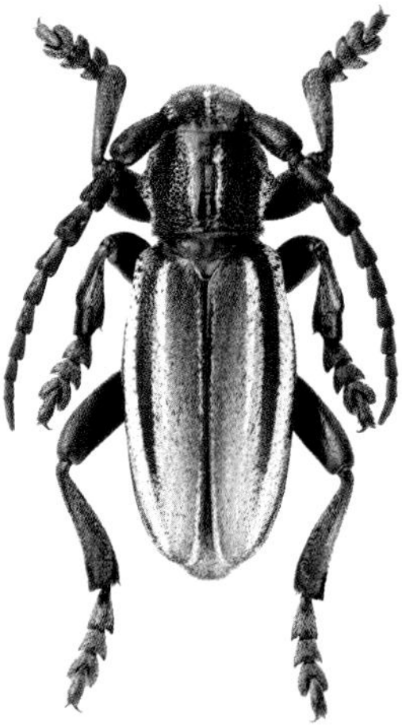

阿爾瑪茲瓢天牛

Iberodorcadion almarzense

西班牙

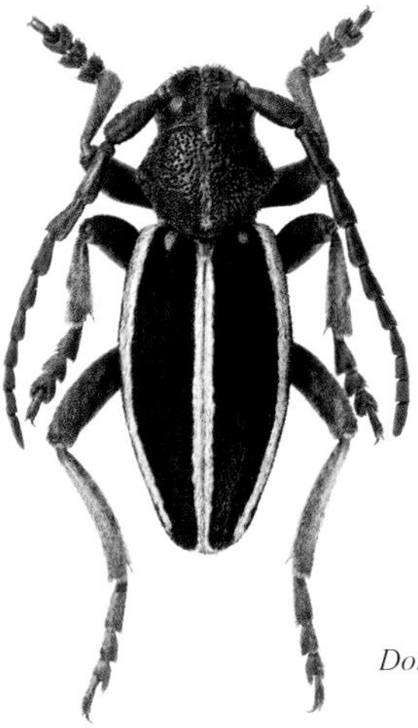

胎毛瓢天牛

Dorcadion pilosipenne

希臘

×3.2

很難找到的稀有珍品

Haeteriine Clown Beetles

蟻塚閻魔蟲（閻魔蟲科）

棲息在熱帶美洲的行軍蟻集團中，有許多姿態各有不同的閻魔蟲與其共生。這群閻魔蟲的外形各不相同，有扁平狀的、長腳的、長著怪毛的等，不一而足。雖然每一種都極具魅力，各有千秋，其共同點是採集極為困難，每一種都是難得一見的夢幻逸品，也有新種持續問世。

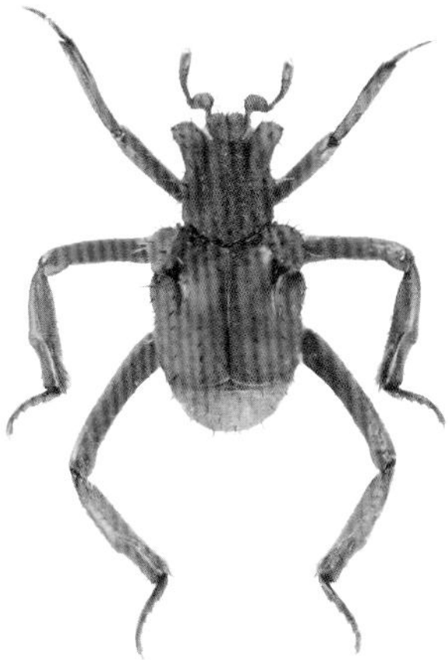

長腳蟻塚閻魔蟲

Euxenister cf. *wheeleri*

祕魯

在行軍蟻遷移的時候，以抱住螞蟻身體或螞蟻運送幼蟲的方式跟著移動。如果錯過這時的機會就採集不到了。

肛毛蟻塚閻魔蟲

Sternocoelopsis sp.

法屬圭亞那

實際大小

凹槽蟻塚閻魔蟲

Euxenister caroli

哥斯大黎加

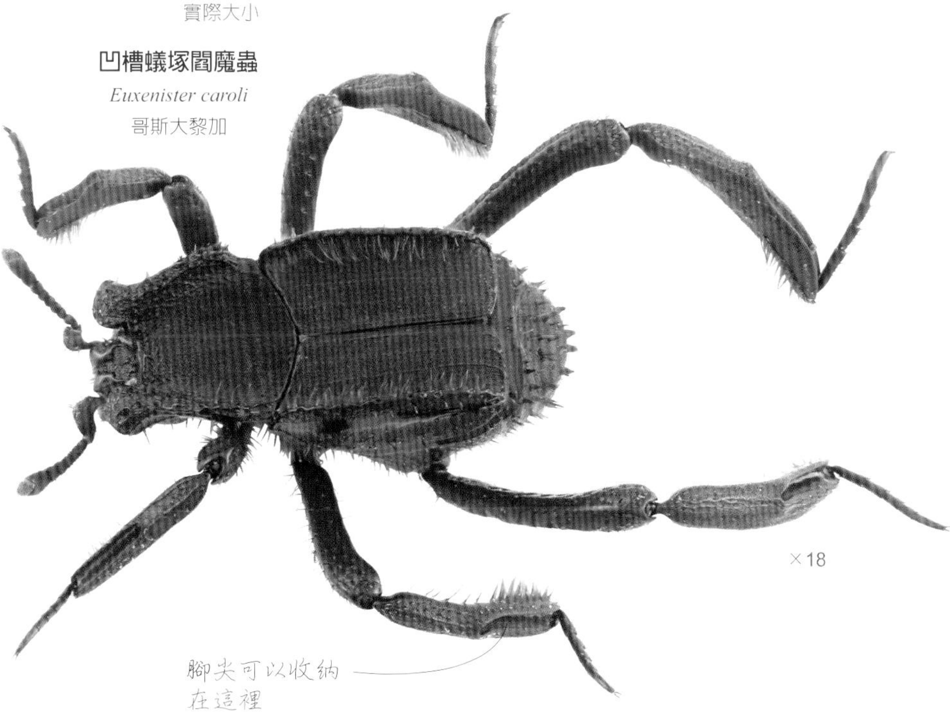

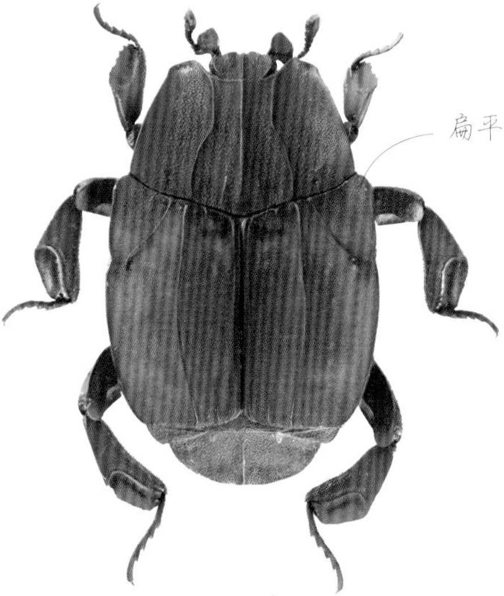
扁平的身體

扁蟻塚閻魔蟲
Xylostega sp.
厄瓜多

包括本種在內，這種左右對稱的閻魔蟲幾乎全都是新種。

黑丸蟻塚閻魔蟲
Panoplitellus comes
厄瓜多

與行軍蟻共生的閻魔蟲，基本上都棲息在蟻類儲存食物殘渣之處。運氣好的話，可以在螞蟻搬家時，看到牠們現身。

表面覆蓋著帶刺的毛束

棘蟻塚閻魔蟲
Symphilister sp.
祕魯

紅豆麵包蟻塚閻魔蟲
Bastactister sp.
祕魯

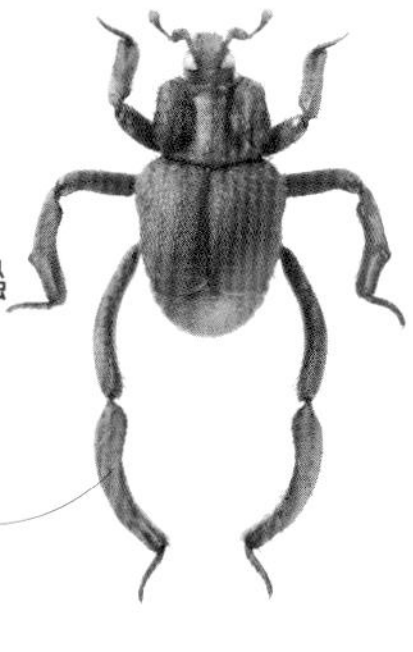
像香腸一樣的腳

筒腳蟻塚閻魔蟲
Pulvinister sp.
法屬圭亞那

×7.8

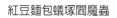

南方擬馬糞金龜擬步行蟲
Trachyscelis chinensis
擬步行蟲科
日本

column

擬、假、偽……名字奇怪的甲蟲

False,Pseudo……Strange Names

出現在本書的甲蟲，名字帶有稀奇古怪字眼的種類不少，或許有些讀者會覺得很奇怪。不過，這些甲蟲之所以被安上這樣的名字，理由倒是非常單純。甲蟲的種類有如天上繁星，數之不盡，若是單純以外表當作表現方式，終究有力有未逮的時候。所以學者們的權宜之計是找出類似的甲蟲，再冠上擬、假、僞。偶爾我會聽到有人表示不滿「這樣對蟲太失禮了」，但名字不過是爲了讓我們認識這種甲蟲的記號，我想只要甲蟲沒有挺身出來抗議，對於那些特徵不夠強烈的蟲來說，這可能是一種無可奈何的命名方式吧。

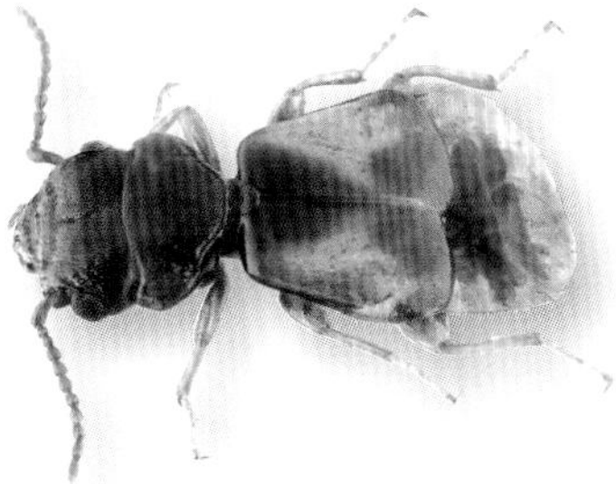

偽妖怪微樹皮蟲
Inopeplus monstrosus
微樹皮蟲科
日本

擬小虎甲步行蟲
Elaphrus punctatus
步行蟲科
日本

舉例來說，本書圖示的日本產物種當中，有一種是南方擬馬糞金龜擬步行蟲（中華卵潛沙蟲）。這個名字包含了什麼意義呢。第一次聽到這個名字的人，想必完全不知道這是什麼樣的蟲，還以爲是什麼咒語吧。首先，「擬馬糞金龜亞科」是隸屬於金龜子科的一群，而本種的外形只是類似這一群，因此加上了「擬」。另外，本種棲息於南西諸島，因此加上了「南」。麻煩的是，南方擬馬糞金龜擬步行蟲其實屬於擬步行蟲科，並不是眞的屬於金龜子科。

說到其他名稱怪異的甲蟲，在本書登場的盲球蕈甲便極具代表性。近幾年，談到有關動物的分類群時，有人主張帶有歧視意味的名字應該重新命名，但以盲球蕈甲爲例，這完全只是針對其沒有眼睛的特徵而取的名字。追根究柢起來，歧視與惡意不存在於詞彙本身，而是隱含在人心。所以，即使把眼盲改成「無眼」或其他類似的詞彙，我認爲不具太大的意義。

總而言之，不論是奇怪還是複雜的名字，都是學者們深思苦慮下的產物。希望透過本書，讀者們也能仔細體會這些名字的有趣之處。

擬大埋葬蟲隱翅蟲
Apatetica princeps
隱翅蟲科
日本

擬黃帶姬叩頭蟲大蕈甲
Anadastus pulchelloides
大蕈蟲科
日本

×10

怪中之怪

Weevils

象鼻蟲

「象鼻蟲」的名稱源自很多種類都具備長長的口吻。不過，象鼻蟲的種數在甲蟲界相當繁多，口吻長度不一，有長也有短。以下爲各位介紹的象鼻蟲，都是外形特別奇異的種類。

看起來好像清
潔車窗的雨刷

雨刷大象鼻蟲

Cercidocerus sp.

椰象鼻蟲科

越南

以薑類植物為食。

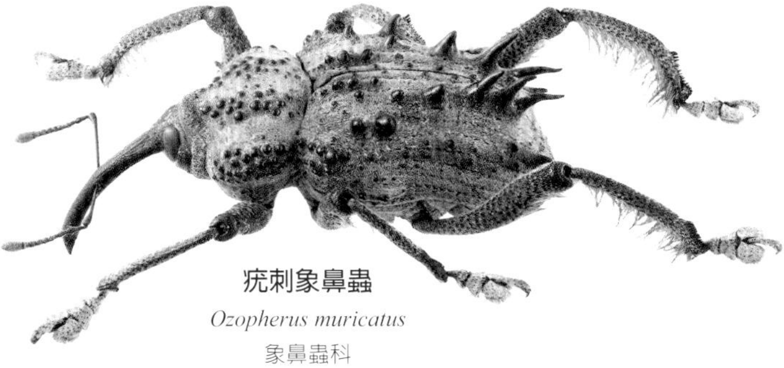

疣刺象鼻蟲

Ozopherus muricatus

象鼻蟲科

祕魯

具有剪刀般的
突起

剪刀象鼻蟲

Amycterus cf.*caudatus*

象鼻蟲科

澳洲

棲息在乾燥地區。剪刀狀的突起由雄蟲的腹部變化而來。

×5

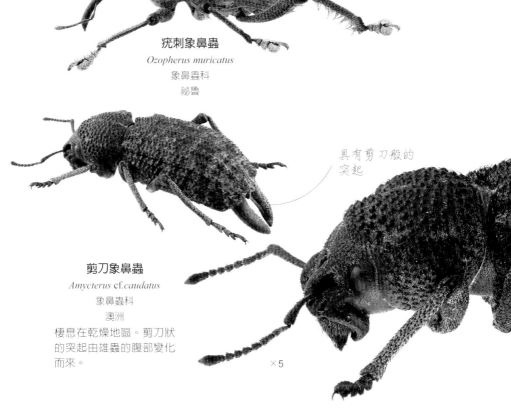

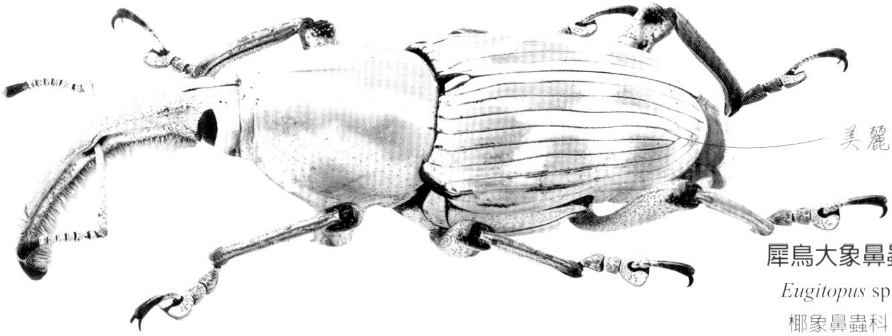

犀鳥大象鼻蟲
Eugitopus sp.
椰象鼻蟲科
菲律賓（呂宋島）

寶石皇帝象鼻蟲
Entimus fastuosus
象鼻蟲科
巴西
南美最具代表性的美麗象鼻蟲。

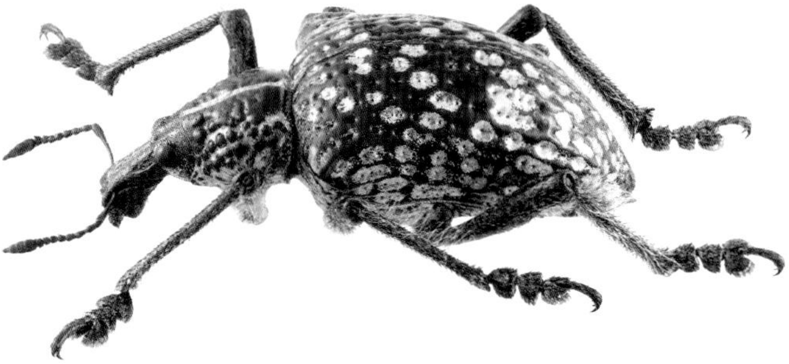

茶色長毛象鼻蟲
Lithinus cf. *sepidioides*
象鼻蟲科
馬達加斯加

銅綠粗嘴象鼻蟲
Holonychus saxosus
象鼻蟲科
馬達加斯加

以枯掉的椰子為食。

八字鬍象鼻蟲
Rhinostomus barbirostris
椰象鼻蟲科
祕魯

×2.2

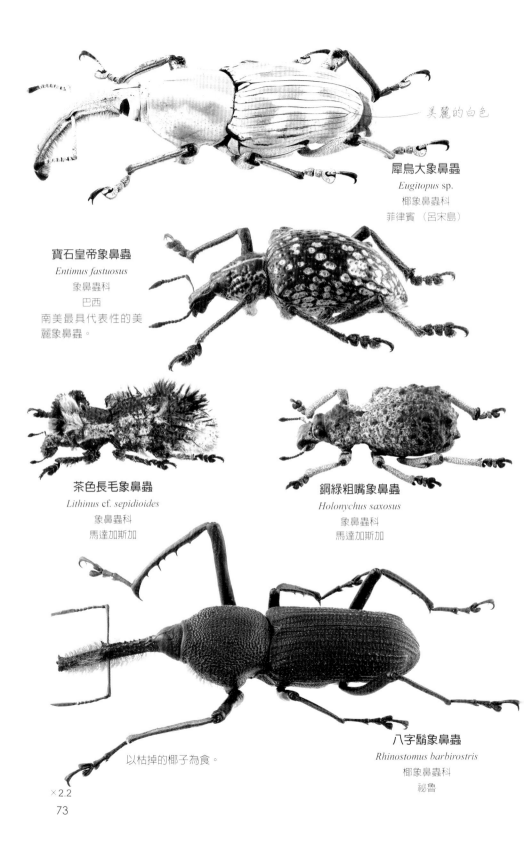

狐假虎威的一群

Velvet Ant-Mimicking Beetles

擬蟻蜂的甲蟲

蟻蜂是一群雌蟲沒有翅膀的蜂。在亞洲和非洲地區，牠們最普遍的模樣是紅色胸部，搭配黑白相間的腹部。牠們時常在地面行走，一受到觸摸就會亮出螯針攻擊，所以幾乎不會成爲天敵獵食的對象。因爲這一點，把體色演化成類似蟻蜂色彩的甲蟲非常多。

蟻蜂的一種
Tropidotilla sp.
膜翅目蟻蜂科
馬來西亞

擬蟻蜂叩頭蟲
Cryptalaus beauchenei
叩頭蟲科
泰國

叩頭蟲科的成員大多體色樸素，唯有本種例外，具有亮麗顯眼的體色。

擬蟻蜂步行蟲
Eccoptoptera cupricollis
步行蟲科
馬拉威

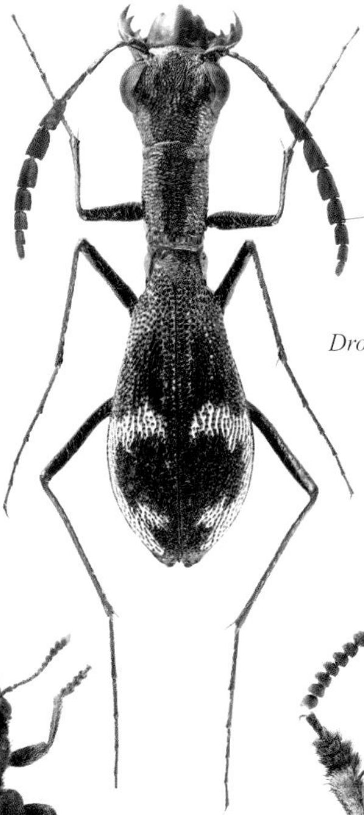
雄蟲的觸角
很粗

紅紋粗鬚虎甲
Dromica mesothoracica
步行蟲科
尚比亞

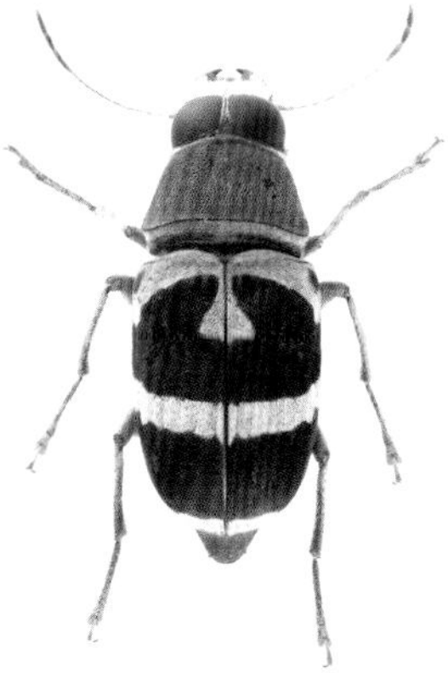

紅胸長角象鼻蟲
Hucus sp.
長角象鼻蟲科
馬來西亞
大概是新種。

紅胸擬蟻郭公蟲
Thanasimus substriatus
郭公蟲科
日本
郭公蟲科中有許多種
類都會擬態為蟻蜂。

擬蟻蜂隱翅蟲
Platydoracus procerus
隱翅蟲科
尚比亞
日本也有同屬種。

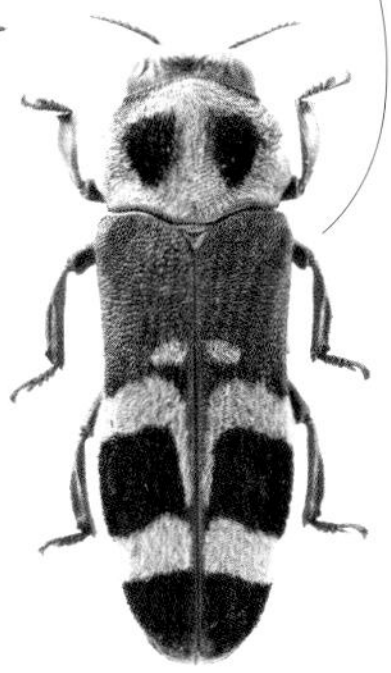
閃耀著吉丁蟲特
有的美麗光澤

美色刺爪細長吉丁蟲
Polyonichus tricolor
吉丁蟲科
泰國

茜色天牛
Poecillium maaki viarius
天牛科
日本

×3.8

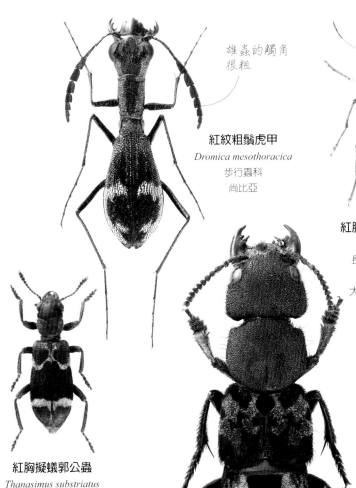

結語

在種類多如繁星的甲蟲當中，本書選擇爲讀者介紹的，都是姿態和模樣特別奇異的種類。當然，選擇的標準是基於作者們主觀的判斷，而且怪異的程度也各有不同。另外，我們也以尚未出現在其他書籍的種類爲優先，甚至有許多是世界首度公開的甲蟲。

還有一點，在本書登場的甲蟲，大多是體長不滿2公分的小型種。拍攝時，我採用了所謂的深度合成攝影法，除了盡可能表現出牠們的立體感和原有的光澤，連細部的特徵也盡量清楚呈現。

說到甲蟲，最受注目的都是獨角仙、鍬形蟲、天牛等外表顯眼亮麗的大型種，但我希望各位也能夠發現，有些甲蟲個頭雖小，但也具備不遜於大型甲蟲的魅力。無須我贅言，礙於篇幅限制，本書無法收錄的「不像樣的甲蟲」當然不在少數。本書所圖示的不過僅是其中一小部分，而日本還有許多奇怪的甲蟲等待大家去認識。

最後我想呼籲各位的是，如果有機會，請拿著顯微鏡仔細觀察身邊的昆蟲，瞧瞧牠們有趣的行爲。從每一種昆蟲都具備讓人意想不到的魅力這意義而言，或許牠們真的稱得上是不像樣的昆蟲。

丸山宗利

×1.45

日本寬頰擬叩頭蟲

Doubledaya bucculenta

大蕈蟲科

日本

雄蟲的臉部左右不對稱。腳尖呈吸盤狀，以便於攀住光滑的竹枝。牠們以大顎在竹枝鑽孔，並在裡面產卵。在堅硬的竹枝鑽孔時，頭部可能也派上了用場。

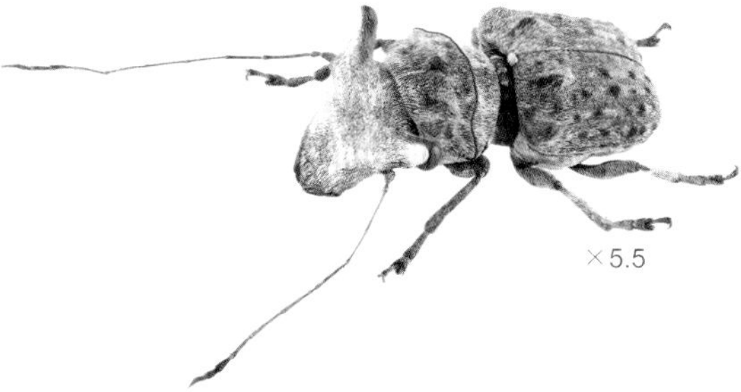

×5.5

野茉莉長角象鼻蟲

Exechesops leucopis

長角象鼻蟲科

日本

本種會聚集在野茉莉的果實上，進行交尾和產卵。雄蟲的臉呈扁平狀，眼睛突出，彼此為了爭奪雌蟲，會以臉部互相撞擊，進行戰鬥。

我從大學時代就對甲蟲傾心不已，蒐集了各種來自世界各地的奇特甲蟲。至今以來，也持續以這些蒐藏品當成作品，舉辦了多次展覽會。我和丸山先生的緣分始於他在準備《光彩閃耀的甲蟲圖鑑》這本書時，讓我參與了其中一部分，之後也不時接到他委託我製作標本的工作。與他合作的過程中，也曾發生意想不到的插曲：他居然以我的名字，替偶然和其他標本混在一起的新種——粗角步行蟲命名。

不論是造型、色彩以及生活型態，甲蟲的表現都超乎我們的想像，是個浩瀚美麗又不可思議的世界。本書收錄的甲蟲，都是其中的奇珍異種，想必各位應該能夠強烈感受到甲蟲壓倒性的多樣性。

如果本書介紹的甲蟲，能夠勾起各位的好奇心，覺得「眞有趣、好特別」，請開始替牠們進行「身家調查」，包括近距離的觀察，替牠們素描，或者其他想到的行動。蟲的世界仍有許多未知領域等著我們去開拓。我想只要勤加耕耘，一定會有許多新發現。

福井敬貴

在把標本的腳整理成左右對稱的「展足」過程中，絞盡腦汁也要找出其最完美的姿態，以便將甲蟲的魅力呈現到極致。
另外，在攝影之前，必須先進行甲蟲體表的清潔，去除細小的塵埃。這項精密的作業需要高超的技術，耗費的時間不亞於製作標本的時間，甚至超過。
攝影上使用了深度合成攝影法。具體作法是將相機由上往下移動時，進行層狀攝影。事後再合成聚焦的部分，製作出一張整體聚焦的照片。這時，如何呈現自然的色澤與光澤、立體感是著力最多的重點。

長扁甲科 / ナガヒラタムシ科 /Cupedidae

豉甲科 / ミズスマシ科 /Gyrinidae

步行蟲科 / オサムシ科 /Carabidae

月紋劍齒步甲	ツキモンオサモドキゴミムシ *Anthia lunae*	59
肩紋劍齒步甲	カタモンオサモドキゴミムシ *Anthia omoplata*	59
雙斑劍齒步甲	ハリムネオサモドキゴミムシ *Anthia thoracica*	58
姬大粗角步行蟲	ヒメオオヒゲブトオサムシ *Cerapterus* cf. *denoiti*	19
絢爛蟻塚虎甲蟲	ケンランアリヅカハンミョウ *Chelionycha auripennis*	31
開洞食肉步甲	アナアキオサモドキゴミムシ *Cypholoba alveolata*	59
紅紋粗鬚虎甲	アカモンヒゲブトハンミョウ *Dromica mesothoracica*	75
擬蟻蜂步行蟲	アリバチモドキゴミムシ *Eccoptoptera cupricollis*	74
擬小虎甲步行蟲	コハンミョウモドキ *Elaphrus punctatus*	70
扁虎甲蟲	ヒラタハンミョウ *Eurymorpha cyanipes*	30
費朗紋翅粗角步行蟲	フェランスジバネヒゲブトオサムシ *Heteropaussus ferranti*	18
肯地澤拳頭粗角步行蟲	カンデーゼコブシヒゲブトオサムシ *Lebioderus candezei*	18
豔大閻魔王虎甲蟲	ツヤオオエンマハンミョウ *Manticora gruti*	30
尖尾虎甲蟲	トガリオオズハンミョウ *Megacephala apicespinosa*	31
沃斯曼粗角步行蟲	ワズマンヒゲブトオサムシ *Mesarthropterus wasmanni*	18
彩虹圓頸步行蟲	ニジマルクビゴミムシ *Nebria banksii*	49
日本盲步甲	アシナガメクラチビゴミムシ *Nipponaphaenops erraticus*	34
棍棒粗角步行蟲	コンボウヒゲブトオサムシ *Paussus cylindricornis*	19

燈籠粗角步行蟲	ボンボリヒゲブトオサムシ *Paussus sphaerocerus*	19
五節粗角步行蟲	ゴフシヒゲブトオサムシ *Pentaplatarthrus paussoides*	18
布雷希盲步甲	ブレスアワイロメクラチビゴミムシ *Pheggomisetes buresi*	35
胸棘闊嘴虎甲蟲	ムネトゲヒラクチハンミョウ *Platychile pallida*	31
巴吉利圓粗角步行蟲	バッジリーマルツノヒゲブトオサムシ *Platyrhopalides badgleyi*	19
長鬚藍虎甲蟲	アオクチヒゲハンミョウ *Pogonostoma caeruleum*	31
羽毛角粗角步行蟲	ハネツノヒゲブトオサムシ *Pterorhopalus mizotai*	19
擬蟻攀木虎甲蟲	アリガタキノボリハンミョウ *Tricondyla ventricosa*	31

閻魔蟲科 / エンマムシ科 /Histeridae

紅豆麵包蟻塚閻魔蟲	アンパンアリヅカエンマムシ *Bastactister* sp.	69
凹槽蟻塚閻魔蟲	エグレアリヅカエンマムシ *Euxenister caroli*	68
長腳蟻塚閻魔蟲	アシナガアリヅカエンマムシ *Euxenister* cf. *wheeleri*	68
黑丸蟻塚閻魔蟲	ヌバタマノクロアリヅカエンマムシ *Panoplitellus comes*	69
筒腳蟻塚閻魔蟲	ツツアシアリヅカエンマムシ *Pulvinister* sp.	69
肛毛蟻塚閻魔蟲	シリゲアリヅカエンマムシ *Sternocoelopsis* sp.	68
棘蟻塚閻魔蟲	トゲトゲアリヅカエンマムシ *Symphilister* sp.	69
扁蟻塚閻魔蟲	ヒラタアリヅカエンマムシ *Xylostega* sp.	69

厚角金龜科 / ムネアカセンチコガネ科 /Bolboceratidae

棘角南美厚角金龜	トゲツノナンベイセンチコガネ *Athyreus tridens*	44
刺瘤南美厚角金龜	コブツノナンベイセンチコガネ *Athyreus tuberifer*	45
棘厚角金龜	カドツノセンチコガネ *Blackburnium angulicorne*	45
卡比厚角金龜	カービーセンチコガネ *Blackburnium kirbyi*	44
雷氏厚角金龜	ライヒセンチコガネ *Blackburnium reichei*	45
疏林草原厚角金龜	サバンナセンチコガネ *Bolbaffer* sp.	45
三星厚角金龜	ミツアナセンチコガネ *Bolborhachium tricavicolle*	44
象鼻厚角金龜	ゾウバナセンチコガネ *Elephastomus gellarus*	45

粗角花金龜科 / ヒゲブトハナムグリ科 /Glaphyridae

跳蚤金龜	ミノコガネ *Pygopleurus vulpes*	12

駝金龜科 / アツバコガネ科 /Hybosoridae

颱髗球金龜	トガリズネマンマルコガネ *Astaenomoechus setosus*	11
亞馬遜豔球金龜	アマゾンツヤマンマルコガネ *Ceratocanthus amazonicus*	10
卡宴豔球金龜	カイエンツヤマンマルコガネ *Ceratocanthus* sp.	10
條紋長球金龜	スジナガマンマルコガネ *Germarostes senegalensis*	11
豔長球金龜	ツヤナガマンマルコガネ *Germarostes* sp.	11
凹胸厚齒金龜	クボムネアツバコガネ *Ivieolus brooksi*	11
擬白蟻金龜	シロアリモドキコガネ *Scarabatermes amazonensis*	11

金龜子科 / コガネムシ科 / Scarabaeidae

澳洲糞金龜	ゴウシュウタマオシコガネ *Aulacopris maximus*	47
熊蜂花金龜	ハナバチハナムグリ *Bombodes ursus*	12
扁角金龜	ヘラヅノコガネ *Ceroplophana modiglianii*	24
銀背猩猩金龜	シロケブカコフキコガネ *Chioneosoma gorilla*	13
筒形蜉金龜	ツツガタマグソコガネ *Chiron volvulus*	54
乒乓糞金龜	ピンポンタマオシコガネ *Circellium bacchus*	47
隆背糞金龜	コガネフトタマオシコガネ *Deltochilum* sp.	46
縱紋長腳金龜	タテスジサルコガネ *Denticnema striata*	40
弓角豬金龜	フェアキバダルマコガネ *Dicaulocephalus feae*	25
鬃毛豎角鍬形金龜	タテガミタテヅノクワガタコガネ *Didrepanephorus arnaudi*	25
馬來豎角鍬形金龜	マレータテヅノクワガタコガネ *Didrepanephorus malayanus*	25
紅紋糞金龜	ベニモンタマオシコガネ *Drepanopodus proximus*	47
赫克力士長戟大兜蟲	ヘラクレスオオカブト *Dynastes hercules*	6
葫蘆白蟻蜉金龜	ヒョウタンシロアリコガネ *Eocorythoderus incredibilis*	54
蛛形糞金龜	クモガタタマオシコガネ *Eucranium simplicifrons*	47
黑條大鍬形金龜	クロスジオオクワガタコガネ *Fruhstorferia nigromuliebris*	25
暗橘菱胸花金龜	カバイロアヤヒシムネハナムグリ *Gymnetis bajula wollastonii*	42

墨染菱胸花金龜	スミナガシアヤヒシムネハナムグリ *Gymnetis chalcipes*	43
太陽菱胸花金龜	タイヨウアヤヒシムネハナムグリ *Gymnetis cupriventris kerremansi*	43
大三角菱胸花金龜	オオサンカクアヤヒシムネハナムグリ *Gymnetis holosericea*	42
淺色菱胸花金龜	ウスイロアヤヒシムネハナムグリ *Gymnetis lanius*	42
青靄菱胸花金龜	カスミアヤヒシムネハナムグリ *Gymnetis pardalis*	42
放射菱胸花金龜	ホウシャアヤヒシムネハナムグリ *Gymnetis stellata*	43
黃金長腳金龜	オウゴンアシナガコガネ *Hoplia aurata*	40
珍珠長腳金龜	シンジュアシナガコガネ *Hoplia coerulea*	40
禮服長腳金龜	ドレスアシナガコガネ *Hoplia* sp.	41
鬼怪長腳金龜	オバケアシナガコガネ Hopliini gen. sp.	41
火焰棘菱胸花金龜	カエントゲヒシムネハナムグリ *Hoplopyga marginesignata*	43
銅色糞金龜	アカガネタマオシコガネ *Kheper aegyptiorum*	46
絢爛糞金龜	ケンランタマオシコガネ *Kheper festivus*	46
台灣鍬形金龜	タイワンクワガタコガネ *Kibakoganea formosana*	25
吉富鍬形金龜	ヨシトミクワガタコガネ *Kibakoganea yoshitomii*	24
緣翅蜉金龜	ヘリバネマグソコガネ *Lomanoxia canthonopsis*	55
紅粗腿長腳金龜	アカアシスネブトアシナガコガネ *Macroplia dekindti*	41
金綠麗金龜	キンリョクヒメナンベイコガネ *Microrutela viridiaurata*	48

上野圓蜉金龜	ウエノマルマグソコガネ *Mozartius uenoi*	55
黑星猴金龜	クロテンサルコガネ *Pachycnema* cf. *melanospila*	41
鍬形猴金龜	クワガタサルコガネ *Pachycnema corepurporea*	40
蟹腳猴金龜	カニアシサルコガネ *Pachycnemida calcarata*	41
紅腳無翅糞金龜	アカアシハネナシタマオシコガネ *Pachysoma rodriguesi*	47
長腳白蟻蜉金龜	アシナガシロアリコガネ *Paracorythoderus* sp.	54
胸角豬金龜	ムネツノダルマコガネ *Peperonota harringtoni*	24
偽背圓芥子蜉金龜	ニセセマルケシマグソコガネ *Psammodius maruyamai*	55
市岡蜉金龜	イチオカマグソコガネ *Pterobius itiokai*	55
擬土蜂金龜	ツチバチモドキコガネ *Rhadinolontha mimetica*	13
犀角稜蜉金龜	サイヒラタアミメコガネ *Rhinocerotopsis nakasei*	55
薩蘭蓋馬糞金龜	ツノツツマグソコガネ *Saprovisca sarangay*	21
獅金龜	ライオンコガネ *Sparrmannia* cf. *flava*	12
稻殼蜉金龜	モミガラコガネ *Sybax distortus*	55
奈洛比盲白蟻蜉金龜	ナイロビメクラシロアリコガネ *Termitotrox vanbruggeni*	54
馬克雷毛溝花金龜	マックレーケスジハナムグリ *Trichaulax macleayi*	13

球蕈甲科 / タマキノコムシ科 /Leiodidae

尖尾盲球蕈甲	トガリドウクツメクラチビシデムシ *Astagobius angustatus*	34

大肚盲球蕈甲	ハラボテメクラチビシデムシ *Leptodirus hochenwartii*	35
海狸寄生蟲	ビーバーヤドリムシ *Platypsyllus castoris*	60

隱翅蟲科 / ハネカクシ科 /Staphylinidae

姬流離隱翅蟲	ヒメサスライハネカクシ *Aenictoteras malayensis*	27
鼠寄生隱翅蟲	ネズミヤドリハネカクシ *Amblyopinus tiptoni*	60
擬大埋葬蟲隱翅蟲	オサシデムシモドキ *Apatetica princeps*	71
兔棍棒蟻塚蟲	ウサギコンボウアリヅカムシ *Colilodion concinnus*	6
腹瘤姬行軍蟻隱翅蟲	ハラコブヒメグンタイハネカクシ *Diploeciton nevermanni*	27
溝紋行軍蟻隱翅蟲	カクレフトグンタイハネカクシ *Ecitocryptus sulcatus*	26
擬行軍蟻隱翅蟲	マネグンタイハネカクシ *Ecitophya simulans*	26
熊蜂隱翅蟲	ハナバチハネカクシ *Emus hirtus*	13
緬甸長頸姬流離隱翅蟲	ミャンマークビナガヒメサスライハネカクシ *Giraffaenictus* sp.	27
長麥稈隱翅蟲	ワレカラハネカクシ *Mimanomma spectrum*	27
姬流離粗鬚隱翅蟲	ヒメサスライヒゲブトハネカクシ *Myrmecosticta exceptionalis*	27
擬蟻蜂隱翅蟲	アリバチダマシハネカクシ *Platydoracus procerus*	75
無翅行軍蟻隱翅蟲	ハネナシマルセグンタイハネカクシ *Pseudomimeciton zikani*	26
蘇門答臘隱翅蟲	ケンランニセセミゾハネカクシ *Sumatrilla sumatrensis*	20
大白蟻隱翅蟲	オオキノコシロアリハネカクシ *Termitobia darlingtonae*	6

魏斯弗洛格姬流離隱翅蟲	バイスフロクヒメサスライハネカクシ *Weissflogia pubescens*	27

蟬寄甲科 / クシヒゲムシ科 /Rhipiceridae

水珠朽木櫛角蟲	ミズタマクチキクシヒゲムシ *Rhipicera femoralis*	23

細櫛角蟲科 / ホソクシヒゲムシ科 /Callirhipidae

大王細櫛角蟲	オウサマクシヒゲムシ *Callirhipis philiberti*	22

紅螢科 / ベニボタル科 /Lycidae

美洲黑緣長吻紅螢	ツマグロアメリカベニボタル *Charactus terminatus*	53
縱紋長吻紅螢	タテベニボタル *Lycus aspidatus*	53
秀麗長吻紅螢	ユウビベニボタル *Lycus elegans*	53
炎長吻紅螢	ホノオベニボタル *Lycus flammatus*	52
枯葉長吻紅螢	コノハベニボタル *Lycus foliaceus*	53
廣腹長吻紅螢	ハバビロベニボタル *Lycus latissimus*	53
長袍紅螢	ローブベニボタル *Lycus trabeatus*	52

螢科 / ホタル科 /Lampyridae

櫛角蟑螂螢火蟲	クシヒゲゴキブリボタル *Lucio* sp.	23

穀盜蟲科 / コクヌスト科 /Trogossitidae

彩虹大穀盜蟲	ニジイロオオコクヌスト *Temnoscheila splendida*	49

吉丁蟲科 / タマムシ科 /Buprestidae

青蝦夷吉丁蟲	エゾアオタマムシ *Eurythyrea eoa*	48
美色刺爪細長吉丁蟲	ミイロトゲツメナカボソタマムシ *Polyonichus tricolor*	75
扁角小吉丁蟲	ツノヒラタチビタマムシ Trachyini gen. sp.	21

叩頭蟲科 / コメツキムシ科 /Elateridae

櫛角瘤狀叩頭蟲	クシヒゲイボイボコメツキ *Balgus tuberculosus*	22
擬蟻蜂叩頭蟲	ミイロウバタマコメツキ *Cryptalaus beauchenei*	74
南美櫛角叩頭蟲	クシヒゲナンベイコメツキ Gen. sp.	23
螢鏃叩頭蟲	ホタルヤジリコメツキ *Pachyderes* sp.	8

郭公蟲科 / カッコウムシ科 /Cleridae

紅郭公蟲	ベニクシヒゲカッコウムシ *Diplopherusa* sp.	22
紅胸擬蟻郭公蟲	ムネアカアリモドキカッコウムシ *Thanasimus substriatus*	75

大蕈蟲科 / オオキノコムシ科 /Erotylidae

擬黃帶姬叩頭蟲大蕈甲	キオビヒメコメツキモドキ *Anadastus pulchelloides*	71
日本寬頰擬叩頭蟲	ニホンホホビロコメツキモドキ *Doubledaya bucculenta*	76
山形紋大蕈蟲	ダンダラオオキノコ *Erotylus* cf. *voeti*	36
放射紋大蕈蟲	カタモンホウシャオオキノコ *Erotylus mirabilis*	36
紅線大蕈蟲	アカセンオオキノコ *Erotylus* sp.	37

面具大蕈蟲	カメンオオキノコ *Erotylus* sp.	36
御飯糰大蕈蟲	オニギリオオキノコ *Gibbifer* cf. *gibbosus*	37
圓形飯糰大蕈蟲	マルガタオニギリオオキノコ *Gibbifer* cf. *impressopunctatus*	37
王樣飯糰大蕈蟲	オウサマオニギリオオキノコ *Gibbifer maximus*	37
三角飯糰大蕈蟲	サンカクオニギリオオキノコ *Gibbifer tigrinus*	37

扁甲科 / ヒラタムシ科 / Cucujidae

冰鉗扁甲	カギアゴヒラタムシ *Palaestes* sp.	21

偽瓢蟲科 / テントウムシダマシ科 / Endomychidae

瘤刺偽瓢蟲	コブトゲテントウダマシ *Amphisternus* sp.	8
魔王刺偽瓢蟲	マオウトゲトゲテントウダマシ *Cacodaemon satanas*	9

擬步行蟲科 / ゴミムシダマシ科 / Tenebrionidae

象擬步行蟲	ゾウゴミムシダマシ *Anomalipus elephus*	63
胸線白蟻擬背條蟲	ムネスジシロアリゴミムシダマシ *Azarelius sculpticollis*	64
沙漠鍬形擬步行蟲	サバククワガタゴミムシダマシ *Calognathus chevrolati*	63
大蕈擬步行蟲	オオキノコダマシ *Cuphotes* cf. *formosus*	37
瀏海擬步行蟲	マエガミパッツンゴミムシダマシ *Epiphysa arenicola*	62
流紋智利擬步行蟲	ナガレモンチリゴミムシダマシ *Gyriosomus batesi*	62
盤擬步行蟲	パイザラゴミムシダマシ *Helea* cf. *waitei*	62

粗腿擬背條蟲	フトアシシロアリゴミムシダマシ	*Insolitoplonyx* sp.	65
圓盤擬步行蟲	エンバンゴミムシダマシ	*Lepidochora eberlanzi*	62
雙色沙漠甲蟲	フタイロキリアツメ	*Onymacris langi meridionalis*	63
扁形沙漠甲蟲	ヒラタキリアツメ	*Onymacris plana*	63
沐霧甲蟲	キリアツメ	*Onymacris unguicularis*	7
紅線叩叩擬步行蟲	アカスジコトコトゴミムシダマシ	*Psammodes* sp.	63
印度擬背條蟲	インドシロアリゴミムシダマシ	"Rhysopaussini" gen. sp.	65
多氏擬背條蟲	シロアリゴミムシダマシ	*Rhysopaussus dohertyi*	65
算盤擬背條蟲	ソロバンゴミムシダマシ	*Rhyzodina* sp.	64
南方擬馬糞金龜擬步行蟲	ミナミニセマグソコガネダマシ	*Trachyscelis chinensis*	70
冠座擬步行蟲	カンムリゴミムシダマシ	*Vieta muscosa*	63
蓬萊白蟻擬背條蟲	タカサゴシロアリゴミムシダマシ	*Ziaelas formosanus*	64
柬埔寨擬背條蟲	カンボジアシロアリゴミムシダマシ	*Ziaelas* sp.	65

瘤擬步行蟲科 / アトコブゴミムシダマシ科 /Zopheridae

澳洲瘤擬步行蟲	ゴウシュウアトコブゴミムシダマシ	*Zopherosis georgei*	51
波紋瘤擬步行蟲	フチナミマダラコブゴミムシダマシ	*Zopherus* cf. *jourdani*	50
白瘤擬步行蟲	シロコブゴミムシダマシ	*Zopherus chilensis*	51
斑紋瘤擬步行蟲	マダラコブゴミムシダマシ	*Zopherus nodulosus*	50

白底瘤擬步行蟲	シロマダラコブゴミムシダマシ *Zopherus nodulosus haldemani*	50

芫菁科 / ツチハンミョウ科 /Meloidae

粗鬚芫菁	ヒゲブトゲンセイ *Cerocoma schreberi*	28
豆狸芫菁	マメダヌキゲンセイ *Cysteodemus wislizeni*	29
白線豆芫菁	シロスジマメハンミョウ *Epicauta albovittata*	29
豹紋豆芫菁	ヒョウモンマメハンミョウ *Epicauta leopardina*	28
横紋芫菁	シマシマオビゲンセイ *Hycleus oculatus*	29
虹紋芫菁	ニジモンツチハンミョウ *Meloe variegatus*	28
拚木芫菁	ヨセギザイクゲンセイ *Pyrota centenaria*	29
闊顎紅芫菁	ヒラズゲンセイ *Synhoria maxillosa*	29
虹彩毛芫菁	ニジモンケブカゲンセイ *Teratolytta kaszabi*	48

微樹皮蟲科 / チビキカワムシ科 /Salpingidae

僞妖怪微樹皮蟲	オバケハネカクシダマシ *Inopeplus monstrosus*	70

盾天牛科 / チリカミキリムシ科 /Oxypeltidae

四棘智利天牛	ヨットゲチリカミキリ *Oxypeltus quadrispinosus*	49

天牛科 / カミキリムシ科 /Cerambycidae

擬紅螢天牛	ベニボタルモドキカミキリ *Amphidesmus theorini*	53
亂髮深山天牛	ミダレガミミヤマカミキリ *Aprosictus lombokensis*	23

智利長毛細金龜天牛	チリケブカホソコバネカミキリ *Callisphyris macropus*	13
雙線瓢天牛	フタスジヒサゴカミキリ *Dorcadion bistriaum*	66
黶瓢天牛	ツヤヒサゴカミキリ *Dorcadion nitidum*	66
美麗瓢天牛	ウルワシヒサゴカミキリ *Dorcadion optatum*	66
胎毛瓢天牛	ウブゲヒサゴカミキリ *Dorcadion pilosipenne*	67
原野瓢天牛	ゲンヤヒサゴカミキリ *Eodorcadion maurum*	67
阿爾瑪茲瓢天牛	アルマラスヒサゴカミキリ *Iberodorcadion almarzense*	67
西班牙瓢天牛	スペインヒサゴカミキリ *Iberodorcadion hispanicum*	67
培瑞茲瓢天牛	ペレズヒサゴカミキリ *Iberodorcadion perezi*	66
科馬羅夫櫛角鋸天牛	コマロフクシヒゲノコギリカミキリ *Microarthron komarovi*	23
淺茶瓢天牛	ウスチャヒサゴカミキリ *Neodorcadion bilineatum*	67
茜色天牛	アカネカミキリ *Poecillium maaki viarius*	75

金花蟲科 / ハムシ科 / Chrysomelidae

箭蝙蝠龜金花蟲	ヤジリコモリハムシ *Acromis* cf. *venosa*	33
紅網紋龜金花蟲	アカアミメブローチハムシ *Botanochara impressa*	33
角肩龜金花蟲	カタハリブローチハムシ *Dorynota bivittipennis*	32
撒菱龜金花蟲	マキビシブローチハムシ *Dorynota* cf. *pugionota*	32
亞馬遜廣肩金花蟲	アマゾンズングリハムシ *Doryphora* cf. *amazona*	16

歐伯圖爾廣肩金花蟲	コガネズングリハムシ *Doryphora* cf. *oberthuri*	16
水珠廣肩金花蟲	ミズタマズングリハムシ *Doryphora punctatissima*	17
前紅鐵甲蟲	マエベニトゲトゲ *Hispa* sp.	9
紫肩棘龜金花蟲	ムラサキカタトゲブローチハムシ *Omocerus doeberli*	33
肩棘龜金花蟲	ウスアオカタトゲブローチハムシ *Omocerus* sp.	33
翡翠廣肩金花蟲	ヒスイズングリハムシ *Platyphora* cf. *albovirens*	17
皇家廣肩金花蟲	ダンダラズングリハムシ *Platyphora princeps*	17
菱紋廣肩金花蟲	ヒシモンズングリハムシ *Platyphora romani*	17
格紋寬肩金花蟲	コウシガラズングリハムシ *Platyphora* sp.	17
點線廣肩金花蟲	テンセンズングリハムシ *Platyphora* sp.	16
祖母綠寬肩金花蟲	エメラルドズングリハムシ *Platyphora thomsoni*	17
對馬緣闊鐵甲蟲	ツシマヘリビロトゲトゲ *Platypria melli*	9
澳洲棘葉甲	トゲゴウシュウハムシ *Spilopyra semiramis*	49
貓眼龜金花蟲	ネコメブローチハムシ *Stolas* cf. *discoides*	33
南瓜鬼怪龜金花蟲	カボチャオバケブローチハムシ *Stolas flavoreticulata*	33
放射龜金花蟲	ホウシャブローチハムシ *Stolas hermanni*	33
六紋龜金花蟲	ムツモンブローチハムシ *Stolas illustris*	32
靛藍網紋龜金花蟲	コガネブローチハムシ *Stolas indigacea*	33

紫網紋龜金花蟲	ムラサキアミメブローチハムシ *Stolas subreticulata*	32
有刺無刺鐵甲蟲	トゲアリトゲナシトゲトゲ *Uroplata* sp.	9

長角象鼻蟲科 / ヒゲナガゾウムシ科 /Anthribidae

紅胸長角象鼻蟲	ムネアカヒゲナガゾウムシ *Hucus* sp.	75
野茉莉長角象鼻蟲	エゴヒゲナガゾウムシ *Exechesops leucopis*	76

捲葉象鼻蟲科 / オトシブミ科 /Attelabidae

黃斑細頸捲葉象鼻蟲	キボシクビナガオトシブミ *Cycnotrachelus flavotuberosus*	15
前紅刺胡麻斑捲葉象鼻蟲	マエベニトゲゴマダラオトシブミ *Echinapoderus* sp.	9
大琉璃長腳捲葉象鼻蟲	オオルリアシナガオトシブミ *Isolabus* sp.	15
龍首長腳捲葉象鼻蟲	リュウクビアシナガオトシブミ *Lagenoderus dentipennis*	15
隆肩長腳捲葉象鼻蟲	カタハリアシナガオトシブミ *Lamprolabus* cf. *spiculatus*	9
大弓長腳捲葉象鼻蟲	オオユミアシナガオトシブミ *Neoeuscelus longimanus*	14
疣長腳捲葉象鼻蟲	イボイボアシナガオトシブミ *Phymatopsinus pustula*	14
絢爛長腳捲葉象鼻蟲	ケンランアシナガオトシブミ *Pilolabus viridans*	14
長頸捲葉象鼻蟲	ロクロクビオトシブミ *Trachelismus* cf. *macrostylus*	14
長頸鹿捲葉象鼻蟲	キリンクビナガオトシブミ *Trachelophorus giraffa*	15

三錐象鼻蟲科 / ミツギリゾウムシ科 /Brentidae

黃紋大刺三錐象鼻蟲	キモンオオトゲミツギリゾウムシ *Aporhina* sp.	8

剛果三錐象鼻蟲	カタキバツツミツギリゾウムシ *Bolbocranius csikii*	57
細腰三錐象鼻蟲	クビレミツギリゾウムシ *Bulbogaser ctenostomoides*	56
長腳三錐象鼻蟲	アシナガミツギリゾウムシ *Calodromus* sp.	57
尾長三錐象鼻蟲	オナガミツギリゾウムシ *Ceocephalus forcipatus*	57
十條三錐象鼻蟲	トスジミツギリゾウムシ *Ectocemus decemmaculatus*	57
細荒地三錐象鼻蟲	ホソアレチミツギリゾウムシ *Episus* sp.	56
鱗片三錐象鼻蟲	ウロコミツギリゾウムシ *Pholidochlamys madagascariensis*	57
扁三錐象鼻蟲	ヒラタミツギリゾウムシ *Prophthalmus planipennis*	56
金邊縫針三錐象鼻蟲	キンヘリヌイバリミツギリゾウムシ *Rugosacratus eximius*	57
鋸三錐象鼻蟲	ノコギリミツギリゾウムシ *Stratiorrhina* sp.	56

椰象鼻蟲科 / オサゾウムシ科 /Dryophthoridae

雨刷大象鼻蟲	ワイパーオサゾウムシ *Cercidocerus* sp.	72
犀鳥大象鼻蟲	サイチョウオサゾウムシ *Eugitopus* sp.	73
八字鬍象鼻蟲	クチヒゲゾウムシ *Rhinostomus barbirostris*	73

象鼻蟲科 / ゾウムシ科 /Curculionidae

白線針山象鼻蟲	ハクセンハリヤマゾウムシ *Acantholophus niveovittatus*	8
剪刀象鼻蟲	ハサミゾウムシ *Amycterus* cf. *caudatus*	72
鐮刀腳象鼻蟲	カマアシカタゾウムシ *Enoplocyrtus marusan*	20

寶石皇帝象鼻蟲	ホウセキコウテイゾウムシ *Entimus fastuosus*	73
寶石姬象鼻蟲 （彩繪象鼻蟲）	ホウセキヒメゾウムシ *Eurhinus magnificus*	49
銅綠粗嘴象鼻蟲	ロクショウクチブトゾウムシ *Holonychus saxosus*	73
茶色長毛象鼻蟲	チャイロミノケブカゾウムシ *Lithinus* cf. *sepidioides*	73
疣刺象鼻蟲	イボトゲゾウムシ *Ozopherus muricatus*	72

蚤目

ノミ目 **Siphonaptera**

蚤科 / ヒトノミ科 /Pulicidae

貓蚤	ネコノミ *Ctenocephalides felis*	61

膜翅目

ハチ目 **Hymenoptera**

蟻科 / アリ科 /Formicidae

粗行軍蟻	フトグンタイアリ *Nomamyrmex hartigii*	26

蟻蜂科 / アリバチ科 /Mutillidac

蟻蜂的一種	アリバチの一種 *Tropidotilla* sp.	74

謝詞（物種鑑定 標本協助）

安藤清志／飯島和彦／今田舜介／上野高敏／岡安樹璃也／小野広樹／柿添翔太郎／金尾太輔／烏山邦夫／川上　暁／阪本優介／鈴木賢紀／鈴木　亙／妹尾俊男／田中久稔／中峰　空／辻　尚道／筒井貴之／藤岡昌介／松田　潔／丸山圭太／森本　桂／山本周平／吉田攻一郎／吉武　啓／吉富博之／多摩美術大学　虫部 TUBE／九州大学総合研究博物館／愛媛大学ミュージアム／ Alberto Ballerio ／ Luca Bartolozzi ／ Christoph von Beeren ／ Olivier Boilly ／ Sergei Dementev ／ Grey Gustafson ／ Libor Klima ／ Kojun Kanda ／ Alfred F. Newton Jr. ／ Rolf Oberprieler

有關甲蟲的名字

生物的學名是全世界通用，每一種都配有一個名字。不過，替沒有分布在日本的生物取日文名字時，倒是沒有特別規定。本書介紹的甲蟲大多原產於海外，有些在本書登場之前，甚至還沒有日文名字。為了讓大家方便好記，我以日文替每一物種都取了暱稱。至於已經刊登在圖鑑類的甲蟲，我則盡量使用圖鑑所標示的名字。

國家圖書館出版品預行編目（CIP）資料

驚奇甲蟲 / 丸山宗利、福井敬貴著；藍嘉楹翻譯.
-- 初版 . -- 臺中市：晨星 , 2020.11
　　面；　公分 . -- (台灣自然圖鑑；49)
譯自：とんでもない甲虫
ISBN 978-986-5529-49-9（平裝）

1. 甲蟲 2. 動物圖鑑

387.785025　　　　　　　　　　　　　109012301

台灣自然圖鑑 049

驚奇甲蟲
とんでもない甲虫

作者	丸山宗利、福井敬貴
審定	鄭明倫
標本攝影	丸山宗利
攝影協力	九州大學綜合研究博物館
翻譯	藍嘉楹
主編	徐惠雅
執行主編	許裕苗
版面編排	許裕偉

詳填晨星線上回函
50 元購書優惠券立即送
（限晨星網路書店使用）

創辦人	陳銘民
發行所	晨星出版有限公司
	台中市 407 西屯區工業三十路 1 號
	TEL：04-23595820　FAX：04-23550581
	E-mail：service@morningstar.com.tw
	http：//www.morningstar.com.tw
	行政院新聞局局版台業字第 2500 號
法律顧問	陳思成律師
初版	西元 2020 年 11 月 06 日

總經銷	知己圖書股份有限公司
	106 台北市大安區辛亥路一段 30 號 9 樓
	TEL：02-23672044 / 23672047　FAX：02-23635741
	407 台中市西屯區工業三十路 1 號 1 樓
	TEL：04-23595819　FAX：04-23595493
	E-mail：service@morningstar.com.tw
	網路書店 http://www.morningstar.com.tw
讀者服務專線	02-23672044 / 23672047
郵政劃撥	15060393（知己圖書股份有限公司）
印刷	上好印刷股份有限公司

定價 450 元

ISBN　978-986-5529-49-9

TONDEMONAI KOCHU
Copyright© Munetoshi Maruyama、Keiki Fukui 2019
Chinese translation rights in complex characters arranged with
GENTOSHA INC.
through Japan UNI Agency, Inc., Tokyo